辽宁省职业教育“十四五”规划教材
高等职业教育计算机类课程新形态一体化教材

人工智能应用基础

姜东洋 刘世兴◎主编
李赫 冯淼淇◎参编

机械工业出版社
CHINA MACHINE PRESS

本书是辽宁省职业教育“十四五”规划教材。本书本着培养高职学生的人工智能基本素养、人工智能思维和人工智能应用实践能力的目标，内容选取符合高职学生的特点，强调人工智能的通识性、典型性和实用性，具有可操作性。

本书选取了涵盖人工智能领域的多个典型案例，采用项目化模式构建教学案例，突出实践。每个案例由循序渐进的递进式任务组成，支持课堂分层次教学实施。全书共分 7 章，主要内容包括人工智能概述、Python 基础、图像识别与网络安全、自然语言处理与舆情分析、生物特征识别与智慧校园、大数据与日常生活、机器学习与分类。

本书配有微课视频、电子课件、案例源码、习题答案等教学资源，凡选用本书作为授课教材的教师均可登录机械工业出版社教育服务网 www.cmpedu.com 下载资源，咨询电话：010-88379375。

本书可作为高职高专及中等职业院校人工智能应用基础通识课程的教材，也可作为电子信息、计算机相关专业的人工智能入门教材。

图书在版编目（CIP）数据

人工智能应用基础 / 姜东洋，刘世兴主编.— 北京：机械工业出版社，2022.12（2025.1重印）
高等职业教育计算机类课程新形态一体化教材
ISBN 978-7-111-72051-5

Ⅰ.①人… Ⅱ.①姜… ②刘… Ⅲ.①人工智能-高等职业教育-教材 Ⅳ.①TP18

中国版本图书馆CIP数据核字（2022）第214116号

机械工业出版社（北京市百万庄大街22号 邮政编码100037）
策划编辑：杨晓昱　　　　责任编辑：杨晓昱　赵志鹏　侯　颖
责任校对：贾海霞　王　延　　封面设计：马精明
责任印制：郜　敏
北京富资园科技发展有限公司印刷

2025年1月第1版第6次印刷
184mm × 260mm · 10.25印张 · 197千字
标准书号：ISBN 978-7-111-72051-5
定价：56.00元

电话服务　　　　　　　　网络服务
客服电话：010-88361066　　机　工　官　网：www.cmpbook.com
　　　　　010-88379833　　机　工　官　博：weibo.com/cmp1952
　　　　　010-68326294　　金　　书　　网：www.golden-book.com
封底无防伪标均为盗版　　机工教育服务网：www.cmpedu.com

前言

伴随新一代信息技术在全球范围内的迅速兴起，人工智能技术已经全面渗透到金融、医疗、教育、制造、交通、娱乐等诸多领域，为经济社会发展注入了新的动能，并正在深刻改变着人们的生产和生活方式。党的二十大报告指出，要“构建新一代信息技术、人工智能、生物技术、新能源、新材料、高端装备、绿色环保等一批新的增长引擎”。新时代的高职学生应具备人工智能基本素养，并能够运用人工智能技术解决工作中的问题，满足产业结构优化升级对职业教育人才培养的实际需求。

本书结合高职学生的特点，坚持问题导向，采用项目化课程设计理念组织编写，同时将主题教育融入教学始终，坚持整体设计、分层实施的原则，强化课程教材的育人功能。

本书将 Python 编程语言作为讲授计算思维和人工智能的载体，结合人工智能主流技术，选取了大数据与日常生活、生物特征识别、机器学习等典型案例，并通过项目实践展示人工智能技术解决问题的流程。全书共分为三大部分，分别是人工智能概述、Python 基础和人工智能典型案例介绍。一是人工智能概述部分，介绍了人工智能历史、定义和典型应用案例，包括具有代表性的重大事件和人物，以及日常学习和生活中的典型应用；二是 Python 基础部分，介绍了结构化程序设计思维，应用 Python 快速、有效地解决一些实际问题；三是人工智能典型案例介绍，选取了图像识别与网络安全、自然语言处理与舆情分析、生物特征识别与智慧校园、大数据与日常生活、机器学习与分类等典型案例。

全书编写遵循以下要点：一是以深入浅出的方式引发学生的自我学习兴趣；二是注重介绍基本概念的讲解，让学生能切实理解和掌握人工智能的基本原理及相关应用知识；三是每个项目都被分解为多个由易到难的任务，使学生能够逐步深入，掌握运用人工智能技术解决实际问题的能力。

本书由姜东洋统稿，其中第 1 章和第 2 章由姜东洋编写，第 3 章由李赫编写，第 4 章、第 6 章和第 7 章由刘世兴编写，第 5 章由冯淼淇编写。

由于编者水平有限，书中难免存在不足之处，恳请广大读者提出宝贵意见。

编　者

微课视频清单

名称	二维码	名称	二维码
微课 1–1　人工智能概述 1		微课 4–2　自然语言处理与舆情管理 2	
微课 1–2　人工智能概述 2		微课 4–3 项目实践四“某商品评论舆情分析”	
微课 2–1　Python 简介		微课 5–1　生物特征识别	
微课 3–1　图像识别技术简介		微课 5–2　项目实践五“图书借阅管理系统的人脸借书”1	
微课 3–2　图像识别的应用场景		微课 5–3　项目实践五“图书借阅管理系统的人脸借书”2	
微课 3–3　项目实践三“使用图像识别接口识别车牌”		微课 6–1　大数据与日常生活 1	
微课 4–1　自然语言处理与舆情管理 1		微课 6–2　大数据与日常生活 2	

（续）

名称	二维码	名称	二维码
微课 6-3　项目实践六“某平台线上超市全年销售数据分析”1		微课 7-2　机器学习与分类 2	
微课 6-4　项目实践六“某平台线上超市全年销售数据分析”2		微课 7-3　项目实践七“学生成绩分类”	
微课 7-1　机器学习与分类 1			

目 录

Chapter Three

第 3 章 图像识别与网络安全

Chapter Four

第 4 章 自然语言处理与舆情分析

Chapter Five

第 5 章 生物特征识别与智慧校园

Chapter Six

第 6 章 大数据与日常生活

Chapter Seven

第 7 章 机器学习与分类

第1章 人工智能概述

从1946年第一台计算机诞生，人们一直希望计算机能够具有更强大的功能。进入21世纪，由于计算能力的提高和大数据的积累，人们发现人工智能（Artificial Intelligence，AI）可以使计算机更加智能。这不仅可以开创一些新行业，也可以给传统行业赋能，从而带来了人工智能的新一轮热潮。本章将带领读者一起学习人工智能概述部分，了解人工智能的定义及分类，解读人工智能技术与产业的创新和发展，学习人工智能背景下的道德规范。

知识目标

1）了解人工智能的种类。

2）了解人工智能常用的几种技术。

3）了解人工智能的相关产业及发展现状。

4）了解人工智能背景下的道德规范。

技能目标

能够将人工智能与所学专业进行有机结合。

1.1 人工智能简介

1.1.1 人工智能的定义

人工智能如何定义呢？人工智能涉及的领域十分广泛，涵盖多个学科和技术领域，如计算机视觉、自然语言理解与交流、认知与推理、机器人学、博弈与伦理、机器学习、统计学、脑神经学等，这些领域和学科目前尚处于交叉发展、逐渐走向统一的过程，所以很难给人工智能下一个全面、准确的定义。严格来说，历史上有很多人工智能的定义，这些定义对于人们理解人工智能都起过作用，甚至是很大的作用。比如，达特茅斯会议的发起建议书中对于人工智能的预期目标的设想是“制造一台机器，该机器可以模拟学习或者智能的所有方面，只要这些方面可以精确描述”。

时至今日，还没有一个被大家一致认同的、精确的人工智能定义。目前，较常见的人工智能定义有两个：一个是明斯基提出的，即“人工智能是一门科学，是使机器做那些人需要通过智能来做的事情”；另一个更专业一些的定义是尼尔森给出的，即“人工智能是关于知识的科学”，所谓“知识的科学”就是研究知识的表示、知识的获取和知识的运用。

总的来说，人工智能是模拟实现人的抽象思维和智能行为的技术，即利用计算机软件模拟人类特有的大脑抽象思维能力和智能行为，如学习、思考、判断、推理、证明、求解等，完成原本需要人的智力才可胜任的工作。

将人工智能的知识应用于某一特定领域，即所谓的“AI+ 某一学科”，就可以形成一个新的学科，如生物信息学、计算历史学、计算广告学、计算社会学等。因此，掌握人工智能知识已经不仅仅是对人工智能研究者的要求，也是时代的要求。

目前，产业界认为人工智能发展可以分为三个层次（见图 1-1）：第一层次是弱人工智能，第二层次是强人工智能，第三层次是超人工智能。

1. 弱人工智能

弱人工智能是指低于人类智能水平的人工智能，只专注于完成某个特定的任务，如语音识别、图像识别和翻译等，擅长单个方面的人工智能，发展程度并没有达到模拟人脑思维的程度，属于“工具”范畴。比如 IBM 的人工智能系统 Watson、谷歌的人工智能围棋机器人 AlphaGo，以及手机导航系统、无人驾驶系统、无人超市管理系统等，它们都属于弱人工智能。弱人工智能的主要特点是人类可以很好地控制其发展和运行。

2. 强人工智能

强人工智能是指和人类智能旗鼓相当的人工智能，属于人类级别的人工智能，能够进行思考、计划、解决问题、抽象思维、理解复杂理念、快速学习和从经验中学习等操作，并且和人类一样得心应手。目前，强人工智能的案例只在一些科幻影片中窥见一斑。电影中反映的人类对人工智能的过度焦虑其实并不必要，因为强人工智能仍会在人类设置的规则和轨道上发展，最终目的是要把人类从繁重的体力和脑力劳动中解放出来，从而为人的自由、全面发展造福。

3. 超人工智能

超人工智能是指超出人类智力水平的人工智能。哲学家、知名人工智能思想家尼克·波斯特洛姆（Nick Bostrom）把超级智能定义为“在几乎所有领域都比最聪明的人类大脑还聪明很多，包括科学创新、通识和社交技能”。届时，人工智能将打破人脑受到的维度限制，在道德、伦理、人类自身安全等方面或许会出现许多无法预测的问题。但即使在这个阶段，“人类为人工智能确立规则”这个前提依然不会被推翻，人工智能会成为人类的“超级助手”而不是“超级敌人”。届时，个人的各种能力、企业的竞争力、国家的竞争力，都将高度取决于对人工智能技术和应用的驾驭能力。

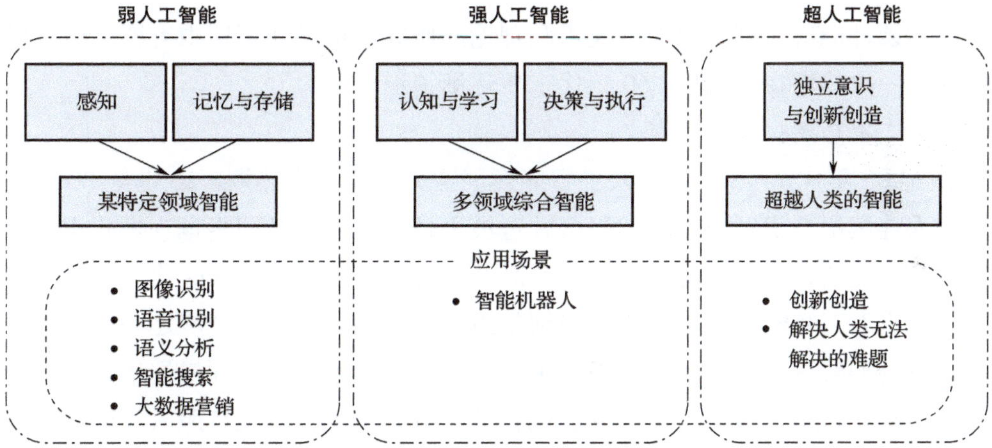

图 1-1　人工智能的三个层次

1.1.2　人工智能的起源和发展

现代人工智能起源于 1956 年的达特茅斯会议。由当时达特茅斯学院的年轻数学助教、现任斯坦福大学教授的麦卡锡（J.McCarthy）联合明斯基、香农、罗切斯特共同发起，邀请纽厄尔、西蒙、萨缪尔、伯恩斯坦、摩尔、所罗门诺夫等，在美国达特茅斯学院召开了一次为时两个月的学术研讨会，讨论了关于机器智能的问题。会上，经麦卡锡提议，正式采用了“人工智能”这一术语。这是一次具有历史意义的重要会议，它标志着人工智能作为一门新兴学科正式诞生了。

1. 人工智能发展的三次热潮

在 60 多年的发展历程中，人工智能的发展共经历了三次热潮。

（1）第一次热潮：图灵测试

第一次人工智能的热潮产生于电子计算机刚刚诞生的时代。当时的计算机更多地被视为运算速度特别快的数学计算工具，而图灵在思想上走在了其他研究者的前面，他思索计算机是否能像人一样思考，即在理论高度思考人工智能的存在性。

1950 年 10 月，艾伦·图灵发表了一篇名为《计算机械和智能》的论文，在其中提出了著名的图灵测试。这篇论文影响深远，直到今日仍被计算机科学家乃至大众所重视。图灵测试指的是测试者与被测试者（一个人和一台机器）隔开的情况下，通过一些装置（如键盘）向被测试者随意提问，被测试者回答，进行多次测试后，如果有超过 30% 的测试者通过被测试者的回答不能确定出被测试者是人还是机器，那么这台机器就通过了测试，并被认为具有人类智能。

当时大多数人对人工智能持有过分乐观的态度，以为在今后的几年内计算机就可以通过图灵测试。然而，在这个计算机科学发展的初级阶段，图灵展示的这一愿景高于计算机算法和硬件能够达到的水平，技术和理论的研究都很难在短期内有所突破，因而人工智能的第一次热潮在 20 世纪 60 年代末便逐渐消退。

（2）第二次热潮：语音识别

20 世纪 80 年代至 90 年代，人工智能发展迎来了第二次热潮。20 世纪 80 年代，随着非特定人连续语音识别技术悄然兴起并进展迅速，人工神经网络也在模式识别等应用领域开始有所建树，人工智能研究者和产品开发者迎来了一个黄金时代。

在第二次人工智能热潮中，语音识别是最具代表性的突破性进展之一，而这个突破依赖的是思维的转变。过去的语音识别更多的是采用专家系统，即根据语言学的知识总结出语音和英文音素，再把每个字分解成音节与音素，让计算机按照人类的方式来学习语言。在研发过程中，计算机工程师与科学家围绕着语言学家尽心工作。而新的方法则以数据的统计建模为基础，不再沿袭模仿人类思维方式、总结思维规则的老路，研发过程不再重视语言学家的参与，而是让计算机科学家和数学家开展合作。这其中的转变看似容易，其实面临着人类既有观念和经验的极大阻力。最终，专家系统正式退出，基于数据统计模型的思想开始广泛传播。

（3）第三次热潮：深度学习

计算成本快速下降、计算机运算速度大幅提高、深度学习算法的持续发展、移动互联网高速发展产生的海量数据，共同推动人工智能技术在多个领域取得突破，人工智能开启了新一轮发展热潮。2006 年，加拿大神经网络专家杰弗里·辛顿（Geoffrey Hinton）与其团队发表了论文《一种深度置信网络的快速学习算法》（“A fast learning algorithm for deep belief nets”），提出了深度学习的概念，引发了广泛的关注，吸引了很多学者对此展开研究，也宣告了深度学习时代的到来。2012 年，辛顿课题组在 ImageNet 图像识别比赛中夺冠，证实了深度学习方法的有效性。

从根本上说，深度学习是一种用数学模型对真实世界中的特定问题进行建模，以解决该领域内相似问题的过程。但很多人不知道的是，深度学习的历史几乎和人工智能一样长，只是一直默默无闻，直到它迎来了时代的机遇。

人工智能的第三次热潮较前两次热潮有本质的区别。以大数据和强大算力为支撑的机器学习算法已在计算机视觉、语音识别、自然语言处理等诸多领域取得突破性进展，基于人工智能技术的应用也已成熟。这一轮人工智能的发展主要得益于深度学习算法的突破和发展、计算能力的极大增强、数据量的爆炸式增长三大驱动因素，其影响范围不再局限于学术界，人工智能技术开始广泛嫁接生活场景，从实验室走向日常。

2. 人工智能发展的三个阶段

在人工智能的不同发展阶段，驱动力各有不同。目前，人工智能的发展还处于弱人工智能层次。在弱人工智能层次，本书将人工智能的发展划分为技术驱动、数据驱动和场景驱动三个阶段。

（1）技术驱动阶段

技术驱动阶段集中诞生了基础理论、基本规则和基本开发工具。在此阶段，算法和计算力对人工智能的发展发挥着主要的推动作用。现在属于主流应用的是基于多层网络神经的深度算法：一方面，不断加强了人工智能从海量数据中自行归纳物体特征的能力，另一方面，不断加强了人工智能对新事物多层特征进行提取、描述和还原的能力。

对于算法来说，归纳和演绎同样重要，其最终目的是提高识别效率。最新的 ImageNet 测试结果显示，人工智能的识别错误率低至 3.5%，而人类对同一数据库的识别错误率在 5.1%。在理想情况下，人工智能的图像识别能力已超越人类。在每年的 ImageNet 测试中，错误率最低的算法模型都不尽相同，这也反映了算法不断迭代的过程。

（2）数据驱动阶段

在人工智能发展的第二个阶段，算法和算力方面已基本不存在壁垒，数据成为主要驱动力，推动着人工智能的发展。在此阶段，大量结构化、可靠的数据被采集、清洗和积累，甚至变现。例如，在大量数据的基础上，可以精确地描绘用户画像；制定个性化的营销方案，提高成单率；缩短达到预设目标的时间，提升社会运行效率。

（3）场景驱动阶段

在人工智能发展的第三个阶段，场景变成了主要驱动力，不仅可以针对不同用户做个性化服务，而且可以在不同的场景下执行不同的决策。在此阶段，对数据收集的维度和质量的要求更高，并且可以根据不同的场景实时制定不同的决策方案，推动事件向良好的态势发展，帮助决策者更敏锐地洞悉事件的本质，做出更精准、更智慧的决策。

1.1.3 人工智能背景下的道德规范

人工智能的强大之处，在于它可以通过不断的“自我学习”逐步提升自己的技能，并且它的“大脑容量”和“学习速度”都是人类鞭长莫及的。人工智能的强大之处正是它让人恐慌之处。1942 年，美国阿西莫夫针对这个问题提出了著名的“机器人三大定律”，具体法则如下。

第一法则：机器人不得伤害人类，或坐视人类受到伤害。

第二法则：除非违背第一法则，机器人必须服从人类的命令。

第三法则：在不违背第一及第二法则的前提下，机器人必须保护自己。

这是人类在人工智能方面筑起的第一道伦理道德之墙。那么，问题转化成了如何将这些伦理道德灌输给人工智能。对于伦理道德，即使是人类也没有一个明确的界限。如果要使人工智能做出合乎伦理道德的选择，需要根据实际情况并结合大量的“学习积累”(人类称之为经验)决定。

但是，如果人工智能在学习中，因为一个偶然的错误而接受了错误的观念，那么这种错误的观念很可能会颠覆它原来的理念。而这样的“错误”是有可能存在的，如同人类的每一个细胞都有可能发生基因突变一样，计算机病毒的存在很大程度上提高了这种错误出现的概率。给人工智能筑起一道更加稳固的伦理道德之墙，需要广大的科技工作者及其共同体制定更加具体、详细的伦理道德规范，编写出拥有“自我辨别能力”并能够筛选出正确的学习数据加以学习的程序，将其植入机器中。同时，广大公民也要对人工智能有一个正确的认识。只要理智地看待人工智能，相信伦理道德的真善美最终会成为人工智能不可动摇的基本准则。

1.2 人工智能产业的创新与发展

在人工智能新时代，新一代人工智能相关学科发展、理论建模、技术创新、软硬件升级等整体推进，正在引发链式突破，推动经济社会各领域从数字化、网络化向智能化加速跃升。习近平总书记多次强调，要实现高质量发展，提高经济社会智能化水平，促进国家治理体系和治理能力现代化。我国人工智能产业生态不断完善，国家顶层战略持续推进，国内重点城市积极开展布局人工智能产业创新实践，投融资热度稳定提升。

1.2.1　人工智能产业链全景分析

伴随着机器学习算法的迅速发展、计算成本的下降、移动互联积累的大数据和应用的不断普及，云计算、大数据、物联网等引发的技术革命和产业变革愈演愈烈，人工智能正成为全球信息领域产业竞争的新一轮焦点，触发并加速推动着新一轮科技革命和产业革命的发展。

人工智能产业体系主要包含硬件、软件和应用。硬件为人工智能技术提供计算能力和数据信息；软件包含开放平台和工具技术，为机器学习提供核心算法应用技术的通用平台与服务接口等，目前软件开发的主导者就是我们熟知的互联网公司和垂直领域的技术公司，如谷歌、百度等；应用层主要包括行业应用，利用人工智能技术引领传统行业向智能化升级。

如图 1-2 所示，人工智能产业链可以分为基础层、技术层、应用层和保障层。每层又能够结合应用场景和产业上下游关系，再划分为既相对独立又相互依存的若干产品及服务。其中，基础层侧重计算能力和数据资源平台的搭建；技术层侧重核心技术的研发；应用层更注重应用发展；而保障层涵盖了法律法规、伦理安全及标准的制定，护航人工智能产业生态的健康发展。

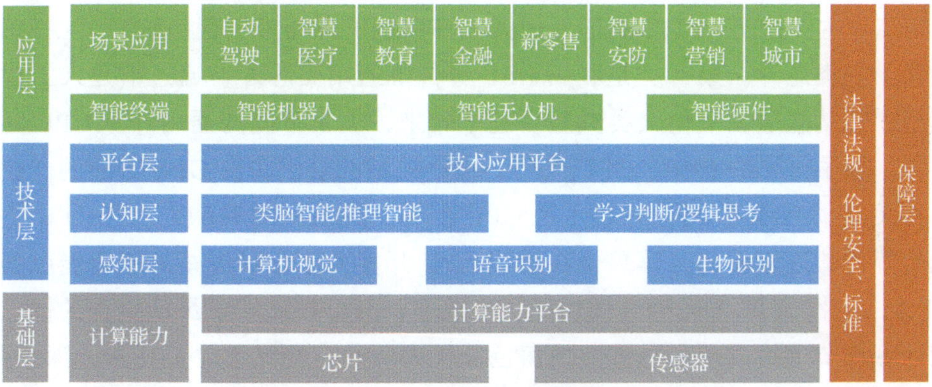

图 1-2　人工智能产业链

数据来源：赛迪顾问. Forecast2018——中国 ICT 细分领域发展趋势报告，2017，12.

基础层和技术层主要包括计算能力等相关的基础设施搭配。计算机视觉、语音识别、生物识别等感知技术，类脑智能 / 推理智能、学习判断 / 逻辑思考等认知技术，以及人工智能开源软硬件平台、自主无人系统支撑平台等技术应用平台，是人工智能向产业转化的技术支撑，降低人工智能的应用门槛。

应用层主要涵盖人工智能在各类场景中的应用。其中，智能终端产品，包括智能机器人、智能无人机、智能硬件等。场景应用包括自动驾驶、智慧医疗、智慧教育、智慧金融、新零售、智慧安防、智慧营销、智慧城市等，是基于现有的传统产业，利用人工智能软、硬件及集成服务对传统产业进行升级改造，提高智能化程度。

保障层包含人工智能产业发展过程中需要遵守的法律法规、伦理规范、安全以及标准，或在发展过程中需要修订、规范的相关法规和标准等，以保障人工智能产业生态有序、可持续发展。

下面来重点分析人工智能产业链的基础层、技术层和应用层。

1. 基础层

基础层主要包括智能传感器、智能芯片、算法模型。其中，智能传感器和智能芯片属于基础硬件，算法模型属于核心软件。随着应用场景的快速铺开，既有的人工智能产业规模和技术水平均与持续增长的市场需求有差距，促使相关企业及科研院所进一步加强对智能传感器、智能芯片及算法模型的研发和产业化力度。

（1）智能传感器

智能传感器属于人工智能的神经末梢，是实现人工智能的核心组件，是用于全面感知外界环境的最核心元件。各类传感器的大规模部署和应用是实现人工智能不可或缺的基本条件。随着传统产业智能化改造的逐步推进，以及相关新型智能应用和解决方案的兴起，对智能传感器的需求将进一步提升。

（2）智能芯片

智能芯片主要包括 GPU（图形处理器）、FPGA（现场可编程门阵列）、ASIC（专用集成电路）三类芯片。第一类是利用 GPU 等传统通用类芯片，通过搭建人工智能神经网络模型，从功能层面模仿人类大脑。近十年来，人工智能的通用计算 GPU 完全由英伟达引领。除了传统的 CPU、GPU 大厂，移动领域的众巨头在 GPU 方面的产业布局也非常值得关注。ARM 公司也开始重视 GPU 市场，其推出的 MALI 系列 GPU 凭借低功耗、低价等优势逐渐崛起。苹果也在搜罗 GPU 开发人才，以进军人工智能市场。第二类是 FPGA 芯片。FPGA 凭借其低功耗、高效率、高可扩展性、灵活编程的优点，在人工智能计算环节中扮演越来越重要的角色，代表厂商有赛灵思、英特尔、深鉴科技等。第三类是 ASIC 类专用智能芯片。通过改变硬件结构层来适应人工智能算法，在硬件结构层进行功能定制化开发，如谷歌的 TPU、百度的昆仑、寒武纪的 NPU 等。

（3）算法模型

人工智能算法是让机器自我学习的算法，通常可以分为有监督学习和无监督学习。随着行业需求进一步具化及对分析要求进一步的提升，围绕算法模型的研究及优化活动将越发频繁。算法创新是推动本轮人工智能浪潮的重要驱动力，深度学习、强化学习等技术的出现使得机器智能的水平大为提升。全球科技巨头纷纷以深度学习为核心在算法领域展开布局，Google、Microsoft、IBM、Facebook、百度等相继在图片识别、机器翻译、语音识别、决策助手、生物特征识别等领域实现了创新突破。

在基础层，国内新兴企业有望实现技术突破。目前，基础层产业的核心技术大部分仍掌握在国外企业手中，为我国企业开展自主研发带来了不利的壁垒封锁，限制了产业整体发展。但是，国内企业及科研机构进一步加强了对传感器、底层芯片及算法等基础层技术的研发力度，持续加大研究投入，以寒武纪、深鉴科技、云知声为代表的一批国内初创企业在智能芯片和算法模型方面已展开相关研发工作，并取得了一定的技术积累，形成了较为完整的技术和产品体系，有望在未来引领产业创新发展。

2. 技术层

技术层主要包括语音识别、图像 / 视频识别、文本识别。其中，语音识别已经延展到语义识别层面；图像 / 视频识别包括人脸识别、手势识别、指纹识别等；文本识别主要针对印刷、手写及图像拍摄等各种字符进行辨识。随着全球人工智能基础技术的持续发展与应用领域的不断丰富，人工智能技术层各产业未来将保持快速增长态势。

（1）计算机视觉

计算机视觉指利用计算机对图像进行处理、分析和理解，以识别各种不同模式状态下的目标和对象，包括人脸、手势、指纹等生物特征。视频从工程技术角度可以理解成静态图像的集合，所以视频识别与图像识别的定义和基本原理一致，在识别量和计算量上得到明显提高。随着人类社会环境感知要求的不断提升和社会安全问题的日益复杂，人脸识别和视频监控作用更加突出，图像 / 视频识别产业将迎来爆发式增长。

（2）语义识别

语义识别是指基于深度学习算法，经由语音资料的训练获取自然语言处理中的语义识别模型。根据 Global Market Insights 的数据，到 2024 年，自然语言处理的市场规模将达到 110 亿美元。目前主要应用是智能语音助手，例如谷歌的 Google Assistant 和亚马逊的 Alexa。二者在 2018 年国际消费类电子产品展览会上成为各方关注的焦点。一方面，这反映出谷歌、亚马逊语音平台的成熟，无论是语音交互技术还是内容服务生态都相对完善；另一方面，则反映出智能语音产业链的成熟，终端设备积极接收语音能力、方案商落地能力更强。

（3）语音识别

语音识别是将人类语音中的词汇内容转换为计算机可读的输入，如按键、二进制编码或者字符序列。语音识别技术与其他自然语言处理技术，如机器翻译及语音合成技术相结合，可以构建出更加复杂的应用及产品。在大数据、移动互联网、云计算及其他技术的推动下，全球的语音识别产业已经步入应用快速增长期，未来将代入更多实际场景。

在技术层，计算机视觉已经成为国内热点领域。计算机视觉是目前较成熟的人工智能领域之一，具体技术有人脸识别、车辆识别、图像识别等，在产品检测、安防、商业中都有广泛的应用前景。特别是在安防领域，我国拥有世界最多的摄像头，对图像的分析处理需求巨大，巨大的需求必然推动行业的快速发展。手机的普及也为图像采集奠定了基础，未来基于手机的计算机视觉应用也会日益丰富，成为新的发展热点。

3. 应用层

应用层指人工智能技术在传统产业和社会建设中的应用。一方面，人工智能作为新一轮产业变革的核心驱动力，将更加广泛地应用于制造、农业、物流、金融、商务、家居等行业和领域，成为经济发展新引擎；另一方面，人工智能将在教育、医疗、养老、环境保护、城市运行、司法服务等领域广泛应用，全面提升人民生活品质。

应用领域主要包括利用人工智能相关技术开发的各种软、硬件产品，如语音识别、图像识别等软件，以及无人 / 辅助驾驶汽车的硬件实现方案。机器人是人工智能技术的重要载体之一，由工业机器人、服务机器人和特种机器人三种类型构成。工业机器人可以大幅度提高生产效率和产品质量，具有巨大的市场需求。服务机器人是人机交互技术的重要体现形式。从扫地机器人到人形机器人，随着服务机器人的智能化程度和交互能力的不断提升，消费者对服务机器人的认可度也逐步提高。服务机器人开拓了一片全新市场，在家政、陪护、养老等行业拥有巨大的应用前景。

国内人工智能应用层企业主要集中在个人消费与生活服务领域。它们更加关注垂直行业的应用需求，通过不断创新商业模式，对应用层各领域进行持续渗透，增加产品的实用功能、改善用户体验。同时，大部分从事人工智能的国内企业是从互联网业务起家，借鉴移动互联网和 O2O 等模式的已有经验，结合行业自身的痛点问题和行业 Know-How（行业的知识经验），分析用户的使用数据，挖掘用户的各项特征，构建用户画像，从而将人工智能应用在精确营销、功能改善和客户服务等方面，持续提升客户的优质体验。

1.2.2 人工智能的核心技术体系

发展人工智能，最重要的是抢占科技竞争和未来发展制高点，突破关键核心技术，在重要的科技领域成为领跑者。深入剖析当前人工智能的发展，可以看到，其核心技术可以分为基础技术、通用技术、应用技术三个层面（见图 1-3），底层的平台资源和中间层技术研发的进步共同决定了上层应用技术的发展速度。

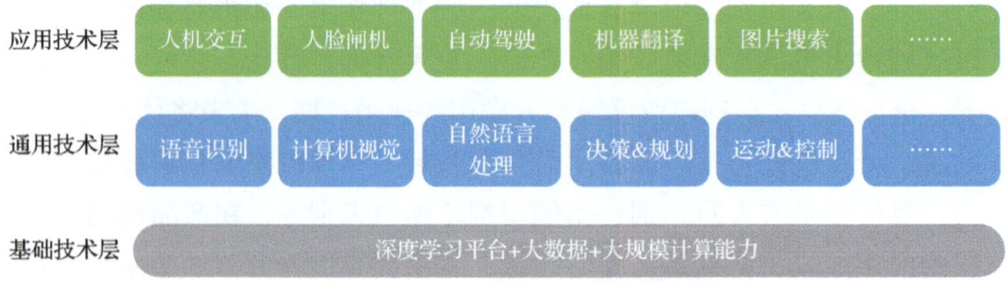

图 1-3　人工智能的三层核心技术

1. 基础技术

机器学习是人工智能最重要的基础技术，是一门专门研究计算机怎样模拟或实现人类的学习行为，以获取新的知识或技能，重新组织已有的知识结构使之不断改善自身性能的科学。一个不具有学习能力的系统很难被认为真正具有“智能”，因此机器学习在人工智能研究中占据着最为核心的地位。在过去的几十年中，机器学习虽已在垃圾邮件过滤系统、网页搜索排序等领域有了广泛的应用，但在面对一些复杂的学习目标时仍未能取得重大突破。究其原因，是由于模型的复杂性不够，无法从海量数据中准确捕捉到微弱的数据规律，也就达不到好的学习效果。在此背景下，深度学习的兴起为人工智能基础技术的持续发展注入了新的动力。

深度学习是机器学习最重要的分支之一，大大优化了机器学习的速度，使人工智能技术取得了突破性进展。深度学习最核心的理念是通过增加神经网络的层数来提升效率，将复杂的输入数据逐层抽象和简化，相当于将复杂的问题分段解决，这与人脑神经系统的某些信息处理机制非常相近。目前，深度学习已在图像识别、语音识别、机器翻译等领域取得了长足进步，并进行了广泛应用。例如，通过图像识别技术可以凭借一张少年时期的照片就在一堆成人中准确找到这个人；再如，机器翻译可以帮助人们轻松看懂外文资料等。

人工智能的基础技术具有较高的门槛，这在一定程度上决定了只有少数的大企业和高校才能深度参与，但通过开放平台的方式，则可以将深度学习技术赋能各行各业。从目前的发展状况来看，深度学习平台开源化是趋势，更高效的开源平台将孕育更庞大的场景应用生态，也将带来更大的市场价值。各行各业可依托深度学习平台，来实现自身的产业升级和优化。未来人工智能的竞争将是基于生态的竞争，主要发展模式将是若干主流平台加上广泛的应用场景。而开源平台则是该生态构建的核心，也是人工智能最大化发挥创新价值的典型代表。2016 年 9 月，百度开源了深度学习平台“飞桨”。开源平台兼备易用性、高效性、灵活性和可扩展性等特点，可供广大开发者下载使用。截至 2022 年，百度现有 100 多个主要产品的应用采用了该平台，成为继 Google、Facebook、IBM 之后全球第四个将人工智能技术开源的科技巨头，也是国内首个开源深度学习平台的科技公司。此外，阿里、科大讯飞、旷视科技等企业在开源平台领域也有布局。

2. 通用技术

在基础设施和算法的支撑下形成的人工智能通用技术层，主要包括赋予计算机感知能力的计算机视觉技术和语音技术，提供理解和思考能力的自然语言处理技术，提供决策和交互能力的规划与决策、运动与控制等。每个技术方向下有多个具体的子技术，如图像识别、图像理解、视频识别、语音识别、语义理解、语音合成、机器翻译、情感分析等。其中，语音识别、计算机视觉和自然语言处理是发展较为成熟、应用领域较广的通用技术，决策与规划、运动与控制则是自动驾驶技术的重要组成部分。

（1）语音识别

传统的语音识别技术虽然起步较早，但识别的效果有限，离实用化的差距始终较大。直到近年来深度学习兴起，语音识别技术才在短时间内取得突破性进展。2011 年微软率先取得突破，在使用深度神经网络模型之后，将语音识别错误率降低至 30%。2013 年，谷歌公司语音识别系统错误率约为 24%，融入深度学习技术之后，2015 年错误率降低至 8%。截至 2022 年，语音识别技术开始进入对细节领域的渗透和打磨阶段，其焦点不再是单纯的技术指标，而是用户体验。

我国在语音识别领域也取得了较快的发展，已经达到世界领先水平。2018 年，科大讯飞提出深度全序列卷积神经网络（DFCNN）。DFCNN 使用大量的卷积直接对整句语音信号进行建模，主要借鉴了图像识别的网络配置，每个卷积层使用小卷积核，并在多个卷积层之后再加上池化层，通过累积非常多的卷积池化层对，从而可看到更多的历史信息。2018 年，阿里巴巴提出 LFR-DFSMN（Lower Frame Rate-Deep Feedforward Sequential Memory Networks）。该模型将低帧率算法和 DFSMN 算法进行融合，语音识别错误率相比上一代技术降低了 20%，解码速度提升 3 倍。FSMN 通过在 FNN 的隐层添加一些可学习的记忆模块，从而可以有效地对语音的长时相关性进行建模。而 DFSMN 是通过跳转避免深层网络的梯度消失问题，训练出更深层的网络结构。2019 年，百度提出了流式多级的截断注意力模型 SMLTA，该模型在 LSTM 和 CTC 的基础上引入了注意力机制来获取更大范围和更深层次的上下文信息。其中，流式表示可以直接对语音进行一个小片段一个小片段的增量解码；多级表示堆叠多层注意力模型；截断则表示利用 CTC 模型的尖峰信息，把语音切割成一个个小片段，注意力模型和解码可以在这些小片段上展开。在线语音识别率上，该模型比百度上一代的 Deep Peak2 模型提升相对 15% 的性能。

（2）计算机视觉

计算机视觉是指用摄像机和计算机替代人眼对目标进行识别、跟踪和测量等，并进一步做图像处理，处理成为更适合人眼观察或传送给仪器检测的图像。传统的计算机视觉识别需要依赖人们对经验归纳提取，进而设定机器识别物体的逻辑，有很大局限性，识别率较低。深度学习的引入让识别逻辑变为自学习状态，精准度大大提高。

计算机视觉包括人脸识别、细粒度图像识别、OCR 文字识别、图像检索、医学图像分析、视频分析等多个方向。在典型的图像识别应用——人脸识别方面，目前已经做到了比人类肉眼更精准。我国的人脸识别技术水平位居世界前列，近几年来在权威人脸识别技术比赛 FDDB 和 LFW 的测试中，百度、腾讯、商汤科技、旷视科技等我国企业取得了非常好的成绩。2015 年，百度研发的 Deep Image 图像识别系统，在 LFW 测试中取得了 99.77% 准确度的优异成绩，而在该项测试中人类的成绩仅能达到 99.2%。2016 年，在全球最权威的计算机视觉大赛 ImageNet ILSVRC（大规模图形识别竞赛）上，南京信息工程大学、香港中文大学、海康威视、商汤科技、公安部第三研究所等高校、企业和研究机构共获得了五个项目的第一。2021 年，Transform 与非 Transform 架构、神经辐射场、脉冲视觉成为计算机视觉领域的研究热点，国内多家机构致力于通过上述技术提升原有计算机视觉模型。我国计算机视觉行业市场规模发展迅速，市场规模由 2017 年的 68 亿元快速增长至 2020 年的 780 亿元。随着计算机视觉技术日趋成熟，计算机视觉在泛金融、消费电子、互联网娱乐、医疗影像等领域的应用不断深入。2021 年，我国计算机视觉的市场规模达 1120 亿元。

（3）自然语言处理

能用自然语言与计算机进行通信，这是人们长期以来所追求的目标。如果说语音识别技术让计算机能“听得见”，那么自然语言处理则是让计算机能“听得懂”。人们可以用自己最习惯的语言来和设备交流，而无须再花大量的时间和精力去学习和习惯各种设备的使用方法。比如，当你用语音询问手机百度“今天哪个号限行”，机器会反馈结果；若你想继续询问明天的限行车号，只要说“那明天呢”，机器就可以根据上下文背景给出正确答案。

目前，自然语言处理的研究领域已经从文字处理拓展到语音识别与合成、句法分析、机器翻译、自动文摘、问答系统、信息检索、OCR 识别等多个方面，并发展出统计模型、机器学习等多种算法。深度学习技术在自然语言处理领域的应用，则进一步提升了计算机对语言理解的准确率。借助深度学习技术，计算机通过对海量语料的学习，能够依据人们的表达习惯，更准确地把握一个词语、短语甚至一句话在不同语境中的表达含义。2018 年 1 月，谷歌 AI 团队发布 BERT 模型，在 SQuAD1.1 的 11 种不同 NLP 任务中创出最佳成绩。2018 年 12 月，Facebook 开源了自己使用的 NLP 建模框架 PyText，每天能够处理超过 10 亿的 NLP 任务。2019 年 5 月，谷歌 I/O 大会推出 Duplex，在模拟人打电话的基础上增加了订餐等生活场景。2019 年 6 月，CMU 与谷歌大脑提出了新的 NLP 预训练模型 XLNet，在 SQuAD、GLUE、RACE 等 20 个任务中全面超过 BERT 模型。我国科研团队在自然语言处理中也紧跟世界步伐，2019 年 3 月，在斯坦福大学 SQuAD 机器阅读理解测试中，科大讯飞团队模型首次在精确匹配、模糊匹配中全面超过人类水平。

3. 应用技术

人工智能应用正在加速落地，深刻改变着世界和人类生产和生活方式。小到手机语音助手、行为算法、搜索算法，大到自动化汽车、飞机驾驶，人工智能应用技术与各个垂直领域结合，不断拓展“AI+”应用场景的边界，探索智慧未来的无限可能。人工智能应用技术丰富多彩，其中在人机交互、自动驾驶、机器翻译等领域最早得到应用和普及。

（1）人机交互

从科技的发展来看，每一次人机交互的更迭都推动了时代的变革。个人计算机时代，人们使用鼠标、键盘和计算机进行交互，微软的 Windows 桌面操作系统以近 90% 的市场占有率牢固地确立了市场霸主地位。移动互联网时代，触摸成为人们与平板计算机、手机进行交互的主要方式，谷歌的 Android 系统和苹果的 iOS 成为这个领域最大的赢家。到了人工智能时代，语言正在成为最自然的交互方式。随着深度学习技术的发展，对语音的准确识别以及对语义准确理解的提高，让机器理解并执行人类语言指令成为可能，对话式人工智能系统应运而生，成为未来的发展方向。智能助理是人机交互最为广泛的应用，如百度度秘、阿里小蜜、腾讯叮当、京东 JIMI 等都是这一领域的典型代表。国内外的大企业纷纷布局对话式人工智能系统，如亚马逊的 Alexa、谷歌的 Google Assistant、百度的 DuerOS 等，并在众多产品中得到广泛应用。DuerOS 可以用自然语言作为交互方式，同时借助云端大脑，可不断学习进化，变得更聪明。它可以应用于手机、电视、音箱、汽车等多种设备，让人们通过最自然的语音方式与设备进行交互，使设备具备与人类沟通和提供服务的能力。

由于我国互联网应用所覆盖的场景、提供的服务丰富多样，与语音交互技术的结合点也会很多，伴随着技术发展将会有广阔的应用空间。现阶段，在人与设备间语音交互方面，语音识别问题已经基本得到解决。自然语言理解和多轮交互属于更深层次的认知层面，涉及记忆机制、思考机制、决策机制等领域的研究探索，目前技术虽然已有突破，但是还需要持续改进。在此背景下，语言交互实现全场景覆盖难度很大，选择合适的应用场景成为应用落地需要重点考虑的方向。

（2）自动驾驶

自动驾驶涉及计算机视觉、决策与规划、运动与控制等多项人工智能基础技术。在自动驾驶的环境感知、路径规划与决策、高精度定位和地图等关键环节，这些技术均有所应用和体现。其中，对环境的智能感知技术是前提，智能决策和控制技术是核心，高精度地图和传感器是重要支撑。

我国的自动驾驶发展保持与国际并列的态势。国内自动驾驶发展从地域上看，产业发展集中在北京、广东、上海、浙江、江苏，技术领域涵盖了 ADAS/ 驾驶解决方案、成车机器人制造、雷达传感器、行车系统和算法、地图和导航等方面；从商用化现状可以看出，这些企业还处于技术研发阶段，跨界和整合使得产业链进入了深度合作期，优势互补可以让企业和整个产业更好地发展。2020 年，国内汽车产量达到 2522.5 万辆，乘用车产量达到 1999.4 万辆，自动驾驶汽车的产量达到 300 万辆，乘用车市场自动驾驶汽车的渗透率达到 15% 左右。根据 IHS Markit 报告，我国乘用车市场 L2 及以上级别自动驾驶系统的渗透率，预计到 2025 年将达到 34.2%。按照目前 15% 的渗透率，2021 年—2025 年，渗透率 5 年增长 19.2%，平均每年增长 3.84%，增长十分可观。

（3）机器翻译

随着人工智能技术的提升和多语言信息数据的爆发式增长，机器翻译技术开始为普通用户提供实时、便捷的翻译服务，而深度学习则让机器翻译的准确性和支持的语种数量都得到大幅提高。机器翻译可以为人们的生活带来各种便利，使语言难题不再困扰我们的学习和生活。小到出国旅游、文献翻译，大到跨语言文化交流、国际贸易，多语言的信息连通大趋势更加凸显出机器翻译的重要价值。

近年来，随着人工智能的发展，机器翻译技术也越发成熟。百度、阿里、腾讯、科大讯飞等互联网公司相继推出了自己的翻译系统，新兴高新技术企业共同构成了我国机器翻译的竞争格局。

2013 年，百度开始布局神经网络翻译，在算力、算法、模型等方面展开研究，突破了神经网络翻译的核心技术瓶颈。2015 年，百度发布了世界上首个神经网络赋能的机器翻译服务，并在同年实现基于神经网络的离线翻译，带领机器翻译进入新的历史阶段。2017 年年底，百度翻译被 MIT Technology Review 评选为 2018 年世界十大突破技术，被列为即时语音翻译领域关键玩家，是当年度唯一入选的中国公司。

阿里巴巴 2015 年收购了国内最大的众包翻译平台——365 翻译，开始涉入机器翻译领域。2016 年 10 月起，阿里巴巴正式开始自主研发 NMT 模型，2016 年 11 月首次将 NMT 系统的输出结果应用在中英消息通信场景下的外部测评中，并取得了不错的成绩。2017 年 7 月 12 日，阿里翻译团队通过使用阿里云机器学习平台 PAI 实现了模型训练效率 5 倍的飞跃，并将其应用于英俄电商翻译质量优化项目中。在阿里巴巴内部，阿里翻译负责为 1688 国际站、全球速卖通等提供多语言服务，我国卖家填写的一些中文信息会被自动翻译成多国语言。该团队同时还为钉钉、东南亚电商 Lazada 等提供服务。

在 2022 年冬奥会期间，科大讯飞作为我国自主研发的多语种智能语音及语言服务平台从幕后走向前台，以语音识别、语音合成、机器翻译、自动问答等多种功能助力北京冬奥会成为首个无障碍沟通的奥运盛会。面向冬奥场景的多语种智能语音及语言服务平台已支持 60 个语种语音合成、69 个语种语音识别、168 个语种机器翻译和 6 个语种交互理解，其中重点语种口语场景翻译准确率达到 95%，平均每句翻译响应时间小于 0.5s。

1.2.3 大力发展人工智能的意义

由数据、算力、算法“三位一体”共同驱动的人工智能作为当前数字技术发展的最前沿，将有力驱动新一轮工业革命和信息革命，引领科技、经济和社会的巨大变革，开启数字经济新时代。人工智能是引领未来的战略性技术，世界主要发达国家都把发展人工智能作为提升国家竞争力、维护国家安全的重大战略之一。2017 年 7 月，国务院发布《新一代人工智能发展规划》，标志着人工智能上升到我国国家发展战略层面。

那么，大力发展人工智能到底有什么重大意义呢？

1. 人工智能可以大幅提高劳动生产率

人工智能可以通过三种方式激发经济增长潜力。

1）人工智能通过转变工作方式，帮助企业大幅提升现有的劳动生产率。

2）人工智能替代大部分劳动力，成为一种全新的生产要素。

3）人工智能的普及能带动产业结构的升级换代，推动更多相关行业的创新，开启生产、服务、医药等行业发展的新纪元。

2. 人工智能引领“第四次工业革命”

人工智能自出现以来，便被应用到各行各业中，成了经济结构转型升级的新支点。目前，人工智能已经在图形处理器、人脸识别和无人驾驶等各个领域迅速得到了应用。在制造业方面，未来汽车行业的研发设计、供应链运输、驾驶技术的提供以及交通运输的解决方案等都将有人工智能的参与。

服务业同样也广泛应用了人工智能技术。医疗保健行业是受益于人工智能的主要服务业。根据世界银行的数据，全球医疗保健开销约占全世界 GDP 的 10%，而其中至少有 10%（约几千亿美元）用于如癌症检测和 X 光片检查等医疗诊断。通过运用人工智能，机械手臂可以做一些高难度的手术。相对于人力而言，人工智能技术更加精确、安全，成功率更高。

3. 人工智能冲击劳动力市场

目前，社会上对人工智能的最大担心是人工智能的普遍运用将会极大地冲击劳动力市场，增加失业率，导致员工工资降低，最终引发通货紧缩或通货膨胀。其实，这类观点并不是一点根据都没有的。2018 年，世界经济论坛（WEF）发表了一份名为《职业的未来》的报告，预测人工智能将在今后五年改变商业模式和劳动力市场，导致 15 个主要发达和新兴经济体损失超过 500 万个就业岗位。

未来，很多蓝领及白领岗位的工作人员，如工厂工人、司机、客服代表甚至银行工作人员都有可能失业。人工智能在某种程度上冲击了劳动力市场，也将不可避免地给其他相关行业带来风险。技术进步带来的另一个结果就是低通胀。我们可以这样分析，人工智能等技术的不断发展，有效减少了供应链中的多个环节，降低了成本，从而降低了商品价格。

4. 正视科技变革带来的挑战

人工智能技术的发展确实会带来失业以及其他社会问题，但我们应一分为二地看待人工智能，正视其带来的问题，并且以有效的政策措施来尽量消除其对社会的负面影响。

首先，随着人口红利的逐渐消失，社会老龄化程度不断加剧，依靠以人工智能为代表的技术的发展来获取红利乃是大势所趋。

其次，科技部在 2017 年 7 月 21 日的会议上表示，“科技发展对就业的冲击不是今天人工智能出现后才有的，机器的出现导致大量手工业工人失业，流水线工厂的出现导致传统工厂很多人失业。但从长远来看，科技带来的就业机会远远大于失业。”未来，一些新兴的专业性工作岗位将会出现，如人工智能开发者、维护修理者等，目前机器仍无法取代这些岗位。

最后，政府未来也会在人工智能技术相关政策的规划协调方面提高重视程度。政府将加大对劳动力市场进行再培训和教育的力度，使其能够从事一些人工智能的专业性岗位，未来劳动力将更加适应智能社会和智能经济发展的需要。人工智能的诞生会使大量财富向少数人手中集中，会加剧社会财富的两极分化，政府也将会积极应对这种情况，找到合适的解决办法。

课后习题

一、单选题

1. 人工智能的英文缩写为（　　）。

A. IT　　B. AI　　C. IG　　D. IBM

2. “人工智能是关于知识的学科——怎样表示知识以及怎样获得知识并使用知识的科学。”这是（　　）提出的。

A. 艾伦·纽厄尔　　B. 尼尔逊　　C. 温斯顿　　D. 图灵

3. 下列不是弱人工智能应用的是（　　）。

A. 语音识别　　B. 图像识别　　C. 文本审核　　D. 迁移学习

4. 迁移学习是人类的本能，其核心是（　　）。

A. 机器学习　　B. 数据处理　　C. 发现共性　　D. 自主学习

5. 著名的“奇点理论”是（　　）提出的。

A. 库兹韦尔　　B. 爱因斯坦　　C. 爱德华－费根鲍姆　　D. 艾伦·纽厄尔

6. 著名的图灵测试是（　　）提出的。

A. 约翰·塞尔　　B. 尼尔逊　　C. 温斯顿　　D. 图灵

二、多选题

1. 人工智能的定义可以分为两部分，即（　　）和（　　）。

A. 人工　　B. 智能　　C. 人脑　　D. 计算机

2. 20 世纪 70 年代以来被称为世界三大尖端技术的是（　　）。

A. 空间技术　　B. 能源技术　　C. 人工智能　　D. 基因工程

3. 人工智能分为（　　）。

A. 弱人工智能　　B. 强人工智能　　C. 超强人工智能　　D. 类人工智能

三、判断题

1. 人工智能与思维科学的关系是实践和理论的关系。（　　）

2. 弱人工智能的英文全称是 Artificial Narrow Intelligence，简称为 AGI。（　　）

3. 2015 年 11 月，*Science* 杂志封面刊登了一篇重磅研究：人工智能终于能像人类一样学习，并通过了图灵测试。（　　）

四、简答题

1. 本章主要介绍了人工智能的哪些知识？

2. 图灵测试对人工智能的发展起到了哪些划时代的意义？

3. 试对比弱人工智能与强人工智能之间的区别与联系，并举例说明。

第 2 章 Python 基础

学习目标

近年来，云计算技术飞速发展，在云服务强大的算力支撑下，很多人工智能领域的技术也迅猛发展起来。人们的生活在技术的推动下，越来越便捷，最典型的例子就是支付方式的改变。传统的支付方式是现金支付，而随着微信、支付宝的流行和普及，扫码支付成为当今的主流支付方式。只要用微信或者支付宝的“扫一扫”功能，扫取收款方提供的二维码，输入金额即可完成支付。二维码是一种近几年来在移动设备上超流行的编码方式。二维码是由某种特定的几何图形，按一定规律在平面上生成的黑白相间的、记录数据符号信息的图形。本章介绍了二维码的生成、处理及制作，同时介绍了与二维码文件格式类似的图片的处理方法。

知识目标

1）了解使用 Python 生成二维码的方法。

2）了解使用 Python 进行图像处理的方法。

技能目标

1）能够熟练掌握动态二维码的制作方法。

2）能够熟练使用 Python 对图像文件进行处理。

2.1 案例导入：基于 AI 技术的首个国风虚拟网红 Ling 出道

随着科技发展，人们的消费观发生了巨大改变，随之而来的是营销模式的改革与创新，由传统的线下品牌营销方式，转换为基于线上直播的创新营销模式。网红直播带货成了数据化时代的消费潮流，虚拟网红在人工智能技术的加持下应运而生。

“翎 Ling”是我国第一个基于 AI 技术打造出来的虚拟数字人。“崭露锋芒，不露圭角；惊鸿一瞥，毓秀钟灵。”在 Ling 的出道视频中，这位虚拟人凤眼流波，唇齿含笑，衣袂飘飘，外表和神韵都极具中国特色，一颦一笑尽显东方风情。超写实的真人相似度，很难让人相信这是 AI 技术打造的虚拟数字人。利用领先的人工智能 3D 虚拟数字人，通过全新虚拟内容形态，包括图文、短视频和虚拟直播，进行标杆虚拟 IP 打造及商业化发展，旨在引领中式网红“正能量、底蕴、传承”的新风潮，让世界看见新时代“科技 + 文化”的中国力量。

Python 作为 AI 时代头牌语言之一，是一种兼具简单易用和专业严谨的通用组合语言，俗称“胶水语言”。它把各种基本程序元件拼装在一起，协调运作，初级编程者也能够很容易入门，是人工智能领域的基础编程语言。

2.2 Python 语言简介

Python 由荷兰国家数学和计算机科学研究学会的吉多·范罗苏姆（Guido van Rossum）于 20 世纪 90 年代初设计。1989 年圣诞节期间，在阿姆斯特丹，吉多为了打发圣诞节的无趣，开发了一个新的脚本解释程序。“Python”是取自英国的电视喜剧《蒙提·派森的飞行马戏团》（Monty Python's Flying Circus），Python 译为“大蟒蛇”。

Python 提供了高效的高级数据结构，还能简单、有效地面向对象编程。Python 的语法和动态类型，以及解释型语言的本质，使它成为多数平台上写脚本和快速开发应用的编程语言。随着版本的不断更新和语言新功能的添加，Python 逐渐被用于独立的、大型项目的开发。

2.3 Python 语言的应用场景

Python 作为当前最流行的编程语言之一，在网站开发、图片处理、软件开发等领域有广泛应用。

网站开发是 Python 最典型的应用之一。Python 附带的各种各样的框架和内容管理系统（CMS）可以简化 Web 开发人员的工作。这些网络开发框架的热门示例包括 Flask、Django、Pyramid、Bottle，著名的内容管理系统包括 Django CMS、Plone CMS 和 Wagtail。使用 Python 进行 Web 开发有许多优点，例如安全性、易伸缩性和便利性。更重要的是，Python 带有对各种 Web 协议的支持。此外，Python 还拥有最大的库集合，这些库不仅可以增强 Web 应用程序的功能，而且使其更容易实现。

由于机器学习、深度学习和神经网络的应用得到广泛推广，因此对图像（预处理）工具的需求也猛增。Python 在图片处理方面应用广泛，其中一个经典实例就是基于 Python 的 AI 智能抠图工具——removebg。它基于 Python、Ruby 和深度学习技术开发，通过强大的人工智能算法能实现自动识别出前景主体与背景图，几秒钟完成抠图。它的操作方法非常简单，打开 removebg 网站首页，可以上传本地图片，也可以选择网络图片的 URL 链接，上传几秒后，就可以看到无背景透明图了。在其上还可以对图像进行编辑，添加各种场景的背景，或者替换为纯色背景，然后下载即可。它还支持客户端 Windows、Mac、Linux 和 PS 插件，同时还可以引入 API 到自己的程序中，进行批处理。

使用 Python 进行编程的范围不仅限于网站开发、图片处理等领域。Python 的各个方面使得它非常适合任何类型的软件开发。Python 具有许多优点，例如快速执行、高度兼容性、强大的社区支持以及大量的库。Python 对各种网络协议的支持非常完美，所以 Python 经常被用来编写服务器软件、网络爬虫。Python 有强大的第三方库，支持异步网络编程和大多数标准网络协议(包括客户端和服务器端)，并提供了各种工具，广泛用于编写高性能服务器软件。

2.4　项目实践：制作一个动态二维码

2.4.1　提出问题

随着大数据技术与人工智能的飞速发展，人们的生活进入了数字化时代。其中，二维码就是数字化生活的最典型代表，购物支付、添加好友、信息共享等都有二维码的身影。随着技术的更新和发展，信息变得越来越复杂、内容越来越繁多，最初的静态二维码已经无法满足人们日益增加的需求，因此二维码的类型也由普通的静态二维码转变为动态二维码。这两种类型的二维码都有各自独特的功能，其中动态二维码的应用最为广泛。

本章将利用 Python 的第三方库，生成用户自定义二维码和动态二维码，并将生成的二维码图片保存到本地。

2.4.2 分析问题

使用手机上网已成为常态，但是繁杂的网址输入使得很多用户头疼不已，二维码的出现恰好解决了这一问题，只需扫描对应网站地址的二维码即可直接打开该网站，免去了繁杂的网址输入过程。本小节将介绍采用 Python 的第三方库，生成对应网站地址的二维码，包括最简单的二维码、用户自定义二维码和动态二维码。

2.4.3 相关知识

1. MyQR 库

MyQR 是一个能够生成自定义二维码的第三方库，使用它可以根据需要生成普通二维码、带图片的艺术二维码，也可以生成动态二维码。在 Python 调用 MyQR 之前需要先安装 MyQR 库。

（1）安装 MyQR 库

如图 2-1 所示，按 <Windows+R> 组合键打开一个“运行”对话框，在该对话框中输入 cmd 命令，即可打开命令行窗口。在命令行窗口中输入 pip3 install myqr 或者 pip3 install MyQR 命令后按 <Enter> 键，即可下载 MyQR 模块。当出现 Successfully installed MyQR 字样时说明 MyQR 库安装成功了。需要注意的是，MyQR 依赖于 Python 3，在 Python 2 的环境下可能无法正常运行。

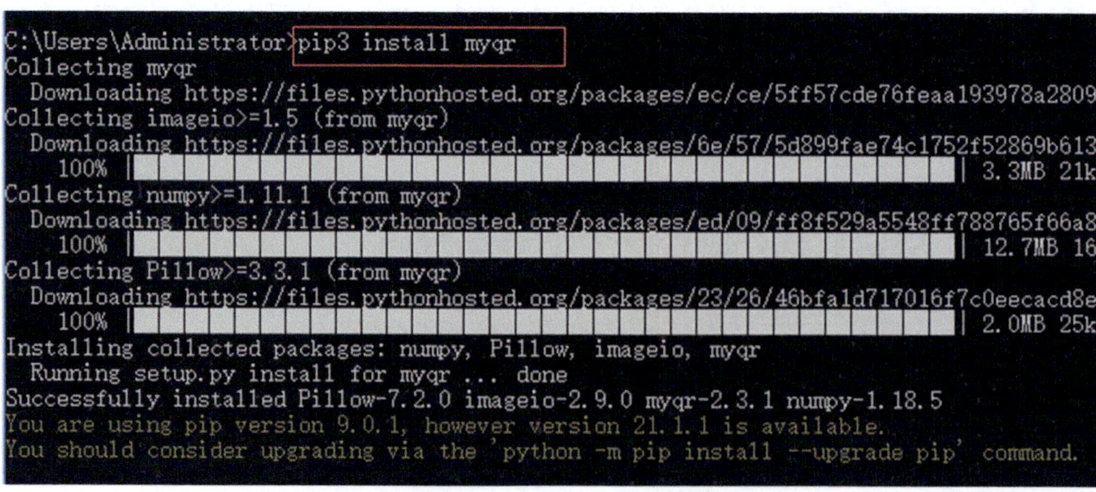

图 2-1 安装 MyQR 库

（2）模块参数

MyQR 库中 run() 函数的功能是生成二维码。run() 函数中包含 words、version、level、picture、colorized、contrast、brightness、save_name、save_dir 几个参数，其中，words 为非默认参数，其余几个为默认参数。针对非默认参数，MyQR 库中没有为其设

定默认值，在输入时须为这一参数赋值；针对默认参数，MyQR 库已为其设定默认值，在输入时可根据需要为参数赋值，没有被赋值的参数会自动按照默认值运行。简言之，除了 words 参数，其余几个参数都可省略。myqr.run() 函数参数的详细说明见表 2-1。

表 2-1　myqr.run() 函数的参数

参数	含义	说明
words	二维码指向链接	str，输入链接或者句子作为参数
version	边长	int，控制边长，范围是 1~40，数字越大边长越大，默认边长取决于输入的信息的长度和使用的纠错等级
level	纠错等级	str，控制纠错水平，范围是 L、M、Q、H，从左到右依次升高，默认纠错等级为 H
picture	结合图片	str，将 QR 二维码图像与一张同目录下的图片相结合，产生一张黑白图片
colorized	颜色	bool，使产生的图片由黑白的变为彩色的
contrast	对比度	float，调节图片的对比度，1.0 表示原始图片，更小的值表示更低对比度，更大反之。默认为 1.0
brightness	亮度	float，调节图片的亮度，其用法和取值与 contrast 相同
save_name	输出文件名	str，默认输出文件名是 qrcode.png
save_dir	存储位置	str，默认存储位置是当前目录

2. qrcode 库

Python 的第三方库 qrcode 的功能是生成 QR 码。QR 码是二维码的一种，是英文 Quick Response 的缩写，即快速反应的意思，源自发明者希望 QR 码可让其内容快速被解码。QR 码比普通条码可存储更丰富的信息，包括对文字、URL 地址和其他类型的数据，亦无须像普通条码般在扫描时需将直线对准扫描器。QR 码呈正方形，只有黑白两色，在三个角落中印有较小的“回”字正方图案。这三个是帮助解码软件定位的图案，用户可不需要对准扫描，任意角度下数据都能被正确读取。

qrcode 库在使用前，需要先进行安装。如图 2-2 所示，打开命令行窗口（<Windows+R> 组合键），输入 pip install qrcode 命令，若出现 Successfully installed qrcode-6.1 提示信息，就表示安装成功，可以使用了。或者如图 2-3 所示，在命令行输入 pip list 命令，查看已安装的第三方库的列表，如果里面含有 qrcode，说明安装成功。

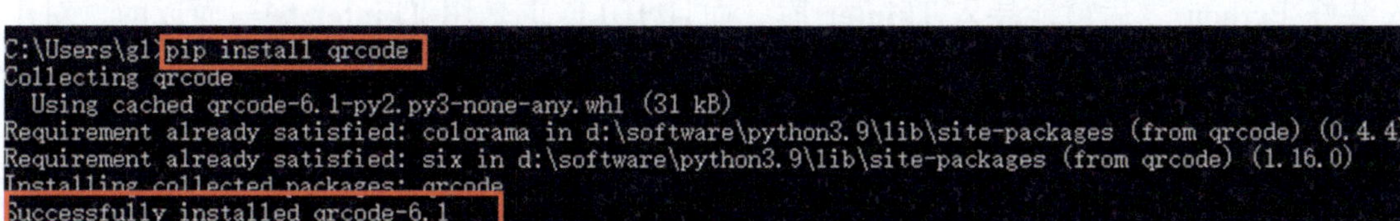

图 2-2　安装 qrcode 库

3. PIL 库

PIL 是 Python 的第三方图像处理库，英文全称是 Python Image Library，但是由于其强大的功能与众多的使用人数，几乎已经被认为是 Python 官方图像处理库了。PIL 库的官方主页为 http://pythonware.com/products/pil/。PIL 历史悠久，原来只支持 Python 2.x 版本，后来出现了移植到 Python 3 的库 pillow，pillow 号称是“friendly fork for PIL”，其功能和 PIL 差不多，但是支持 python 3。pillow 库的官方主页为 http://python-pillow.org/。

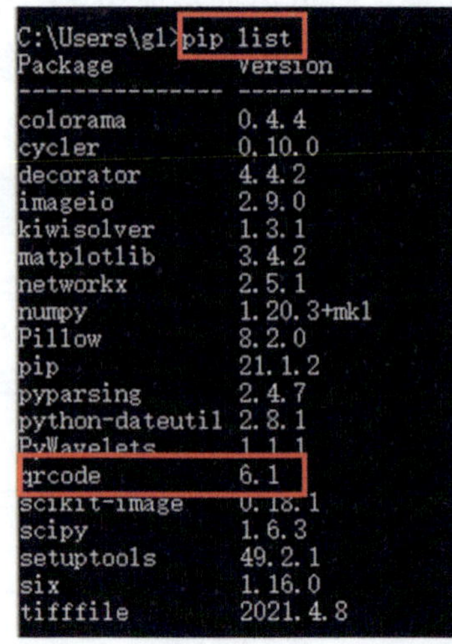

图 2-3 查看第三方库的安装信息

PIL 库需要先安装再使用。因本书使用的是 Python 3，所以需要安装 PIL 的升级版本 pillow。在命令行窗口输入安装命令 pip install pillow，若出现提示 Successfully installed pillow-8.2.0，则表示安装成功，可以正常使用了，如图 2-4 所示。

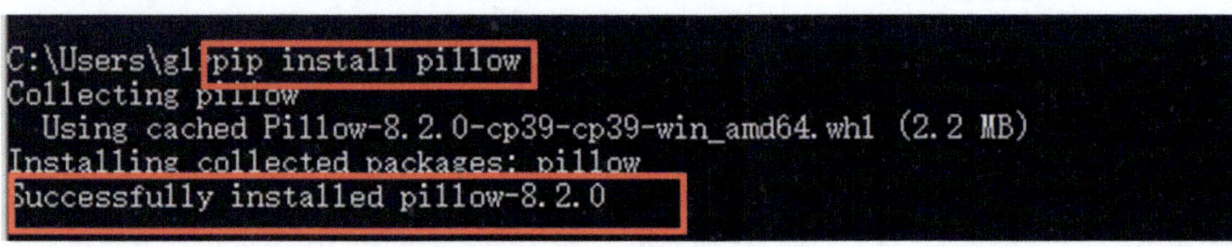

图 2-4 安装 pillow 库

安装了 PIL 库可以实现什么功能？PIL 可以进行图像归档、图像处理和图像展示，尤其适合于图像的批处理任务。PIL 库同样支持图像的大小转换、图像旋转，以及任意的仿射变换。PIL 还有一些处理直方图的方法，允许展示图像的一些统计特性。这个特性可以用来实现图像的自动对比度增强和全局的统计分析等。

4. Tkinter

Tkinter 是 Python 的标准图形用户界面（Graphical User Interface）库。Python 使用 Tkinter 可以快速创建 GUI 应用程序。由于 Tkinter 是内置在 Python 的安装包中，只要安装好 Python 之后就能导入 Tkinter 库，而且 IDLE 也是用 Tkinter 编写而成的，对于简单的图形界面 Tkinter 还是能应付自如的。

Tkinter 提供了按钮、菜单、文本框、列表框、标签等控件，用于 GUI 界面的创建及布局。常见的 Tkinter 控件见表 2-2。

表 2-2　常见的 Tkinter 控件

控件	描述
Button	按钮控件，在程序中显示按钮
Canvas	画布控件，显示图形元素，如线条或文本
Checkbutton	多选框控件，用于在程序中显示复选框
Entry	输入控件，用于显示简单的文本内容
Frame	框架控件，在屏幕上显示一个矩形区域，多用来作为容器
Label	标签控件，可以显示文本和位图
Listbox	列表框控件，用于显示一个字符串列表
Menubutton	菜单按钮控件，用于显示菜单项
Menu	菜单控件，用于显示菜单栏、下拉菜单和弹出菜单
Message	消息控件，用于显示多行文本，与 label 类似
Radiobutton	单选按钮控件，显示一个单选的按钮状态
Scale	范围控件，显示一个数值刻度，为输出限定范围的数字区间
Scrollbar	滚动条控件，当内容超过可视化区域时使用，如列表框
Text	文本控件，用于显示多行文本

2.4.4　解决问题

1. 任务 1：生成简单二维码

（1）任务分析

本任务的目标是用 Python 库生成简单的二维码，将二维码保存到本地文件夹中。该二维码代表着一个网页的链接，当扫描该二维码时，能自动跳转访问该链接。

（2）任务实施

首先，导入生成二维码的第三方库，本任务使用 qrcode 库。然后，调用 qrcode 库的 make() 函数，生成二维码图片 img。make() 函数的参数是网页链接，make() 函数会生成一张代表该网页链接的二维码，当扫描该二维码的时候，能跳转到此链接。最后，保存二维码到本地文件夹中。save() 函数是 Python 的内置函数，其参数是文件的保存路径。

任务 1 的源代码如图 2-5 所示。

task1_simple_code.py　task1.png

```
import qrcode

img = qrcode.make("https://www.baidu.com")
img.save(r"D:/pythonProject/task1.png")
```

图 2-5　任务 1 的源代码

代码行 1：导入 qrcode 库，用于生成二维码。

代码行 3：调用 qrcode 库的 make() 函数，生成包含百度链接的二维码图片对象 img。

代码行 4：调用 Python 的内置函数 save()，将二维码保存到本地文件夹中。其中，save() 函数的参数是一个字符串，代表文件的保存路径。这里 r " D:/pythonProject/task1.png " 代表的是绝对路径，前面的字符“r”表示此字符串不包含转义字符。本任务生成的二维码图片 task1.png 如图 2-6 所示。

图 2-6　任务 1 生成的二维码

2. 任务 2：生成专属个性二维码

（1）任务分析

本任务的目标是利用 Python 第三方库，生成一个以本地图片为背景的二维码，并保存到本地文件夹中。

（2）任务实施

首先，明确生成二维码的第三方库，这里用的是 MyQR 库的 myqr 模块；然后，调用 myqr 模块中的 myqr.run() 函数，自定义生成含有图片的二维码，并保存到本地文件夹中；最后，到本地文件夹找到生成的二维码图片，打开并查看。

任务 2 的源代码如图 2-7 所示。

代码行 1：导入 MyQR 库的 myqr 模块，用于生成二维码。

代码行 4~9：（修改源代码为 myqr.run()，即删去前面的变量）调用 myqr 模块的 run() 函数，生成自定义二维码。run() 函数的功能是生成二维码图片，并保存到本地文件夹中，它包含了一些二维码属性参数，包括 words、picture、save_name 和 save_dir 等。其中，words 参数定义了扫描二维码以后跳转到的网页地址，即用户扫描图 2-8 所示的二维码，会自动跳转到百度页面。picture 参数定义了生成二维码所用的背景图片的文件名。需要注意的是，这里所用的 bird.jpg 图片与任务 2 的 Python 文件 task2_your_code.py 在同一文件夹下。save_name 是生成的二维码文件名，这里是 mycode.jpg。如果不设置此参数，则默认是 qrcode.png。save_dir 是二维码图片存储的位置，这里存储到 D 盘的 two_code 文件夹中。如果不设置此参数，默认的存储位置是当前目录。

程序运行后生成的二维码如图 2-8 所示，该二维码的颜色是黑白的。如果想将二维码的颜色变成彩色的，只需修改 myqr.run() 函数的参数 colorized 即可，代码如图 2-9 中的行 6 所示。colorized 参数用于指定生成的二维码图片是否为彩色，如果为 False 或者不设置，生成的二维码是黑白色的，如果为 True，则生成的二维码是彩色的。生成的彩色二维码如图 2-10 所示。

```python
from MyQR import myqr


version,level,qr_name = myqr.run(
    words="https://www.baidu.com",
    picture ="bird.jpg",
    save_name = "mycode.jpg",
    save_dir = 'D:/two_code/'
 )
```

图 2-7　任务 2 源代码（黑白二维码）

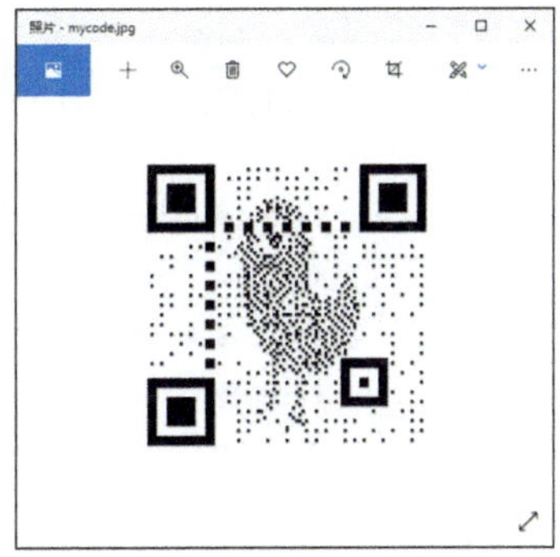

图 2-8　生成的黑白二维码

```python
from MyQR import myqr

version,level,qr_name = myqr.run(
    words="https://www.baidu.com",
    picture ="bird.jpg",
    colorized= True,
    save_name = "mycode2.png",
    save_dir = 'D:/two_code/'
 )
```

图 2-9　任务 2 源代码（彩色二维码）

图 2-10　生成的彩色二维码

3. 任务 3：生成动态二维码

（1）任务分析

网页中经常会出现以 .gif 动图为背景的动态二维码。在任务 2 的基础上，将原有的背景图片替换成 .gif 格式的动图，即可生成本地动态二维码。

（2）任务实施

将任务 2 源代码文件 task2_your_code.py 复制一份，重命名为 task3_dynamic_code.py。选用 MyQR 库的 myqr 模块，调用生成二维码的 run() 函数；然后，在任务 2 源代码的基础上，修改 picture 和 save_name 参数，使用的背景图片和保存的二维码图片都是 .gif 格式的；最后，打开保存路径下的动态二维码图片，查看生成的动态二维码。

任务 3 的源代码如图 2-11 所示。

任务 3 的代码在任务 2 代码的基础上进行了修改，具体来说，有以下两处变化。

代码行 5：修改 picture 参数的值，将原来的 .jpg 格式的背景图片替换成 .gif 格式的动图，这样生成的二维码就是以动图为背景的动态二维码。

代码行 7：修改 save_name 参数的值，修改文件名字，以 .gif 作为扩展名。

任务 3 程序运行后生成的二维码如图 2-12 所示。

task3_dynamic_code.py

```python
from MyQR import myqr

version,level,qr_name = myqr.run(
    words="https://www.baidu.com",
    picture ="cat.gif",
    colorized= True,
    save_name = "mycode3.gif",
    save_dir = 'D:/two_code/'
 )
```

图 2-11　任务 3 源代码

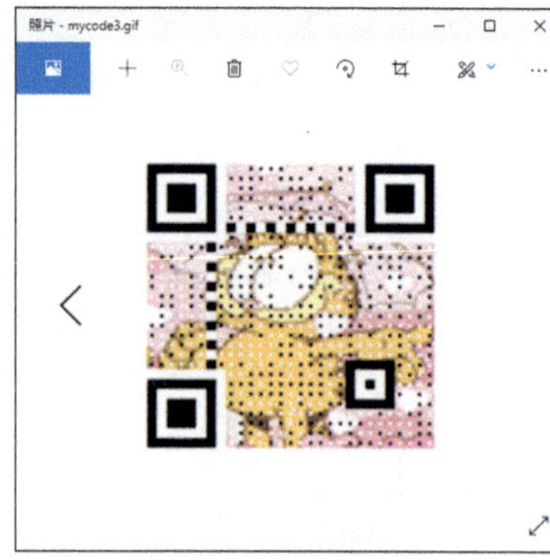

图 2-12　动态二维码

4. 任务 4：生成嵌套头像的二维码

（1）任务分析

微信公众号普遍使用二维码，有的二维码中间嵌有公众号的头像信息，这样更容易被访客记住。本任务的目标就是在二维码中嵌入头像图片，生成带头像的二维码图片。

（2）任务实施

将任务 2 源代码文件 task2_your_code.py 复制一份，重命名为 task4_id_code.py。首先，明确使用的第三方库文件，本任务除了使用 MyQR 库以外，还导入了 PIL 库的 Image 等图片处理模块。然后，使用 myqr.run() 函数生成一张二维码图片，保存到本地文件夹中。其次，用 Image 模块的 open() 函数分别打开生成的本地二维码图片和头像图片。最后，将头像图片粘贴到本地二维码图片上，再将处理好的带头像的二维码显示出来。

任务 4 的源代码如图 2-13 所示。任务 4 的源代码在任务 2 的基础上进行了增加和修改，具体来说，有以下几处变化。

代码行 2：导入 PIL 库的 Image 和 ImageDraw 模块。

代码行 11~12：使用 Image 模块的 open() 函数，打开头像图片和二维码图片文件。open() 函数的参数是图片文件的路径和文件名，采用字符串格式，如二维码图片的路径和文件名为“D:/two_code/code4.jpg”。这里的 ps 指打开的头像文件，im 指打开的二维码图片文件。

代码行 13：将头像文件粘贴到二维码图片上。其中，paste() 函数的调用对象是 im，也就是打开的二维码图片对象 im，它可以使用 paste() 函数，将其他图片粘贴到自己身上。paste() 函数有两个参数：第一个参数是待粘贴的图片，这里的是头像图片对象 ps；第二个参数是粘贴的位置坐标，这里 (120,120) 表示横纵坐标分别是 120 像素。

代码行 14：显示带有头像的二维码图片。使用二维码对象 im 调用 show() 函数，即可将二维码图片显示到屏幕上。

任务 4 程序运行后生成的二维码如图 2-14 所示。

```
task4_id_code.py
1  from MyQR import myqr
2  from PIL import Image,ImageDraw,ImageFont
3
4  version,level,qr_name = myqr.run(
5      words="https://www.baidu.com",
6      colorized = True,
7      save_name = "code4.jpg",
8      save_dir = 'D:/two_code/'
9   )
10
11 ps = Image.open('D:/two_code/id.png')
12 im = Image.open('D:/two_code/code4.jpg')
13 im.paste(ps,(120,120))
14 draw = ImageDraw.Draw(im)
15 im.show()
16
```

图 2-13 任务 4 的源代码

图 2-14 嵌套头像的二维码

2.5 项目实践：图片的读 / 写

2.5.1 提出问题

人工智能领域需要对图像进行处理。如在计算机视觉领域，需要对图像分析得到的特征进行处理，提取场景的语义表示，让计算机具有人眼和人脑的能力。这时，就要求系统能读和写图片。此外，图像的亮度、对比度等属性对图像的影响是非常大的，相同物体在不同的亮度和对比度下差别非常大。在图像识别中，经常会遇到阴影、强曝光之类的图片，这些因素都不应该影响最后的识别结果，所以要对图像进行调色等预处理操作。

2.5.2 分析问题

图像的读 / 写在人工智能领域有广泛的应用，如计算机视觉、图像识别、人脸识别等。所以，首先要了解图像读 / 写的相关知识，然后利用 Python 的第三方库，对图片进行读 / 写操作，最后对图片进行简单的预处理操作。

2.5.3 相关知识

1. skimage 库简介

安装 skimage 库有两种方法：一种是在 Windows 系统的命令行窗口下安装；另一种是在 PyCharm 软件里安装。下面分别介绍这两种安装方法。

（1）使用命令安装 skimage 库

步骤 1：按 <Windows+R> 组合键，打开“运行”对话框，输入 cmd 命令，打开命令行窗口，输入 python 命令并按 <Enter> 键，查看 Python 的版本，如图 2-15 所示。

图 2-15　查看 Python 的版本

步骤 2：下载安装包 numpy、scikit_image、scipy。

在 https://www.lfd.uci.edu/~gohlke/pythonlibs/#numpy 中，根据 Python 的版本下载需要的软件包。本书使用的 Python 版本是 3.9，系统是 64 位，所以需要安装图 2-16 所示的三个版本的软件包。

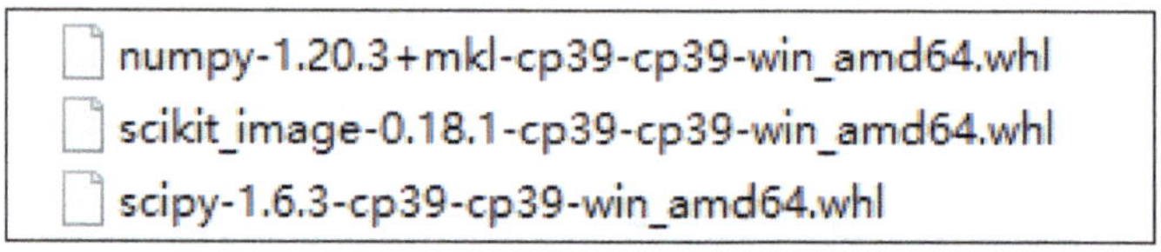

图 2-16　安装 skimage 库需要的软件包

步骤 3：将下载的软件包放到 Python 安装目录下的 Scripts 目录下。

将下载好的安装包文件 scikit_image-0.18.1-cp39-cp39-win_amd64.whl、scipy-1.6.3-cp39-cp39-win_amd64.whl 和 numpy-1.20.3+mkl-cp39-cp39-win_amd64.whl 放到 Python 安装目录下的 Scripts 目录，如图 2-17 所示。

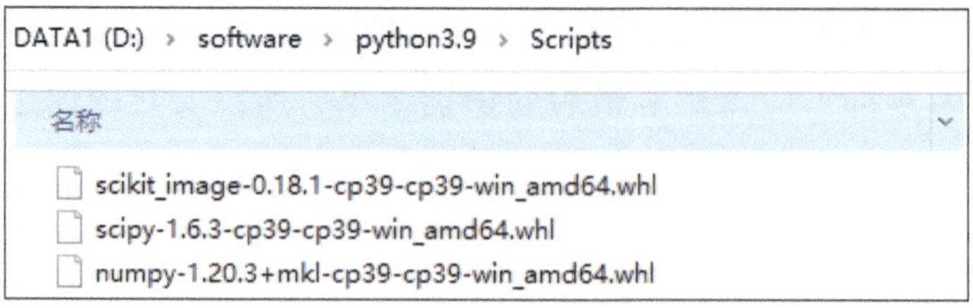

图 2-17　Python 的 Scripts 目录

步骤 4：在命令行窗口安装软件包。

进入命令行窗口，进入 Scripts 目录，命令如图 2-18 所示。

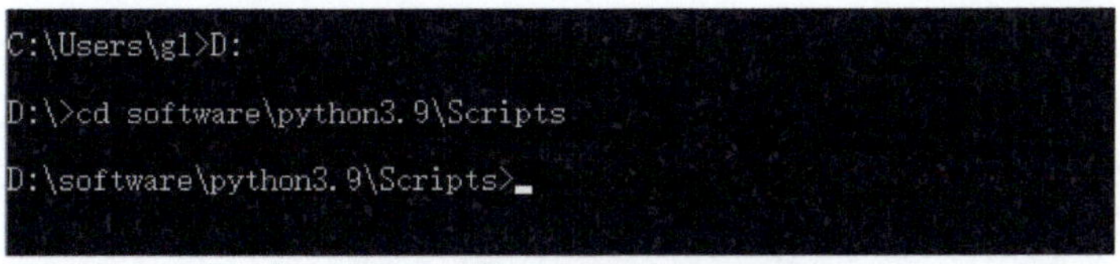

图 2-18　进入 Scripts 目录的命令

输入下面命令，用 Python 的 pip 工具依次安装。

pip install "numpy-1.20.3+mkl-cp39-cp39-win_amd64.whl"

pip install "scipy-1.6.3-cp39-cp39-win_amd64.whl"

pip install "scikit_image-0.18.1-cp39-cp39-win_amd64.whl"

安装效果如图 2-19 所示。因为本机已经安装了 NumPy，所以提示 NumPy 已经被安装过了。如果首次安装，则会提示 NumPy 安装成功。

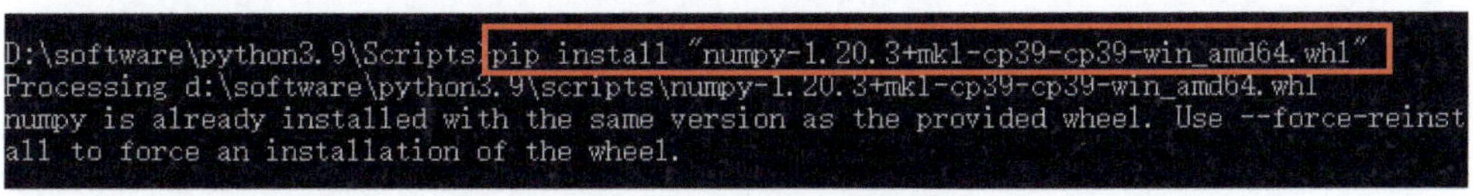

图 2-19　NumPy 的安装结果

步骤 5：验证是否安装成功。

在开始菜单中找到 Python 3.9，打开 IDLE 编辑器（如图 2-20 所示）。在控制台输入“import skimage”命令，按 <Enter> 键执行命令。如图 2-21 所示，没有报错，则说明 skimage 库安装成功。

图 2-20　打开 IDLE 编辑器

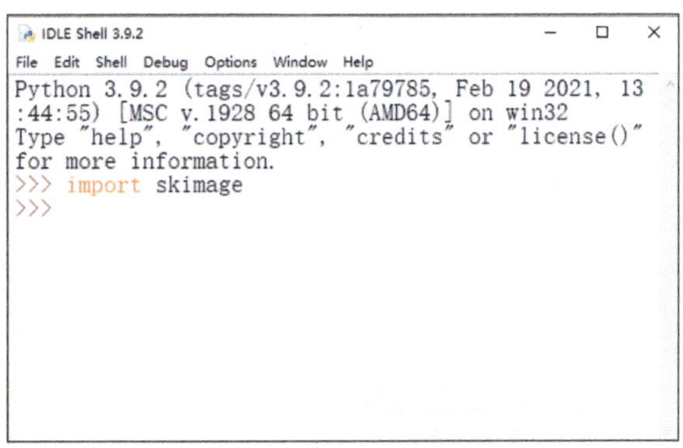

图 2-21　Python 的控制台

（2）使用 PyCharm 安装 skimage 库

步骤 1：打开 PyCharm 软件，选择菜单栏的“File—>New Project”命令新建 Python 工程，弹出对话框如图 2-22 所示。需要注意的是，要选择工程所在的文件夹和 Python 的编辑器，本书用的是 Python 3.9 编辑器。确认无误后，单击“Create”按钮创建工程。

步骤 2：设置工程的运行环境。选择“File—>Settings”命令进入设置界面，再选择“Project：img_processing—>Python Interpreter”选项进入 Python 编译器界面，在右侧窗口中单击“+”按钮，如图 2-23 所示，进入工具包搜索界面。搜索“scikit-image”工具包，单击下方的“Install Package”按钮，完成安装，如图 2-24 所示。

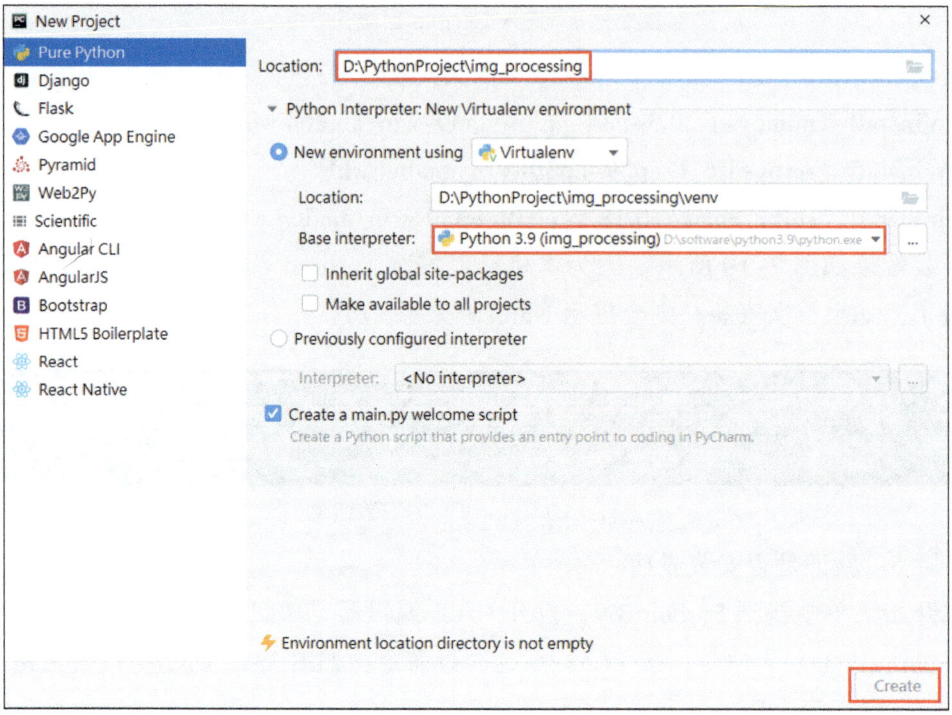

图 2-22　创建 Python 工程

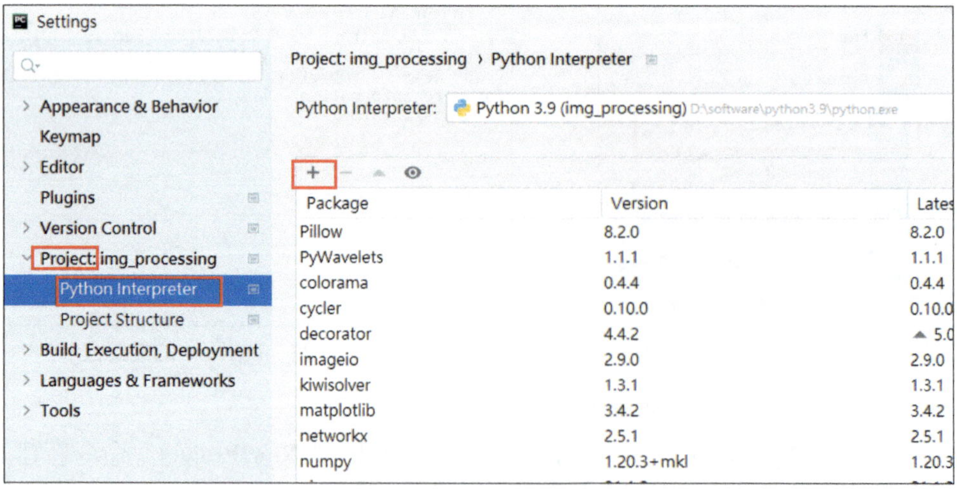

图 2-23　Python 编译器

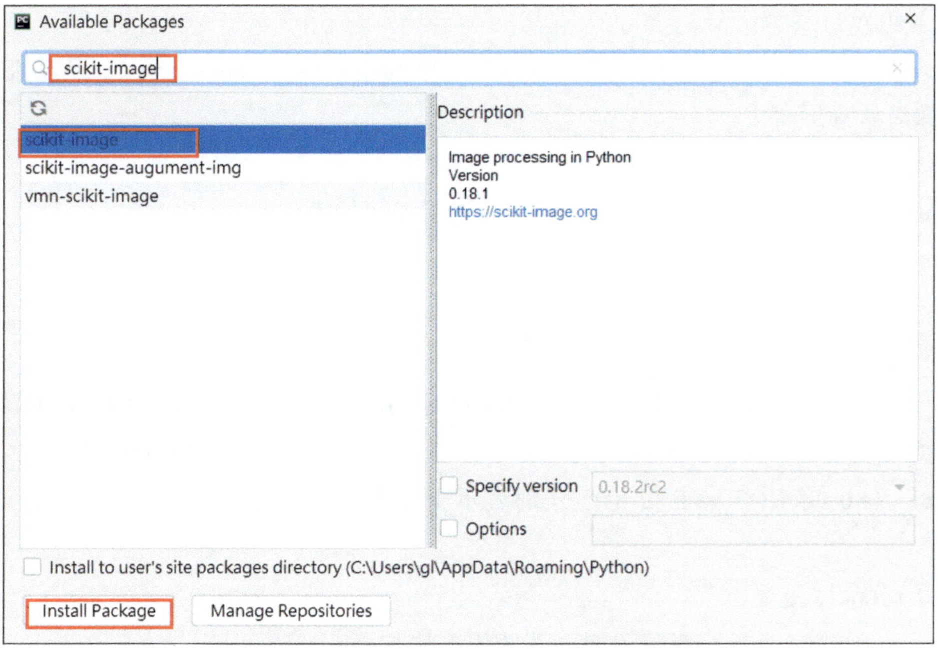

图 2-24　搜索 scikit-image 安装包

2. Image 模块

Image 模块是 PIL 库基本的核心类，该模块提供了很多图片处理功能，如加载图像和创建新图像。Image 模块包含了许多图像处理函数，包括 open()、save()、show()、transpose() 等。下面依次介绍这些函数的功能及使用方法。

（1）open() 函数

open() 函数的调用格式如下：

```
open(filename,mode)
```

open() 函数的功能是打开一张图像。参数 filename 和 mode 都是字符串类型。其中，filename 包含被打开文件的路径；mode 是打开的方式，可以是 'r'（表示只读）或 'w'（表示可写）。open() 函数的使用方法如下：

```
from PIL import Image
img = Image.open(r'D:\workspace\pachong\ceshi\timg.jpg', 'r')
print(img,type(img))
```

需要注意的是，在使用 open() 函数的时候，要用模块 Image 来引用，参数 'r' 可以省略。语句 print(img, type(img)) 的意思是输出图片对象和图片的类型。

（2）save() 函数

save() 函数的功能是保存文件。例如 img.save('time', 'png')，其功能是将文件重新保存为 time.png，这里 img 是打开的图片对象。

（3）show() 函数

show() 函数的功能是显示图像，由图像对象调用。例如 img.show( )，其功能是显示 img 图像对象到屏幕上。

（4）transpose() 函数

transpose() 函数的功能是翻转图像，其使用方法如下：

```
# 翻转图像
new_img = img.transpose(Image.FLIP_LEFT_RIGHT)
new_img.show()
```

其中，参数 Image.FLIP_LEFT_RIGHT 表示左右翻转，FLIP_LEFT_RIGHT 是 Image 类的属性。transpose() 的参数还可以使用 FLIP_TOP_BOTTOM、ROTATE_90、ROTATE_180 或 ROTATE_270，分别表示上下翻转、旋转 90°、旋转 180° 或旋转 270°。

（5）rotate() 函数

rotate() 函数的功能是旋转图像，其使用方法如下：

```
# 旋转图像 90°
img1 = img.rotate(90)
img1.show()
```

上述代码表示图像对象 img 调用图像旋转函数 rotate()，参数 90 表示旋转 90°，将旋转后的图像对象命名为 img1，调用 show() 函数将旋转后的图像显示出来。

（6）resize() 函数

resize() 函数的功能是调整图像的大小。例如，img.resize((100，100)) 的功能是将图像的长、宽分别调整为 100 像素。

（7）convert() 函数

convert() 是图像实例对象的一个方法，接收一个 mode 参数，用以指定一种色彩模式。mode 的取值见表 2-3。

表 2-3 mode 的几种取值

取值	含义
1	二值图像，非黑即白。它每个像素用 8bit 表示，0 表示黑，255 表示白
L	灰色图像，它的每个像素用 8bit 表示
P	8 位彩色图像，它的每个像素用 8bit 表示
RGB	RGB 色彩模式是工业界的一种颜色标准，是通过对红 (R)、绿 (G)、蓝 (B) 三个颜色通道的变化以及它们相互之间的叠加来得到各种各样的颜色
RGBA	32 位彩色图像，它的每个像素用 32bit 表示
CMYK	32 位彩色图像，它的每个像素用 32bit 表示，印刷四分色模式

（续）

取值	含义
YCbCr	24 位彩色图像，它的每个像素用 24bit 表示
I	32 位整型灰色图像，它的每个像素用 32bit 表示，0 表示黑，255 表示白
F	32 位浮点灰色图像，它的每个像素用 32bit 表示，0 表示黑，255 表示白

3. ImageDraw 模块

ImageDraw 模块为画板对象提供简单的 2D 图形。可以使用该模块创建新图像，注释或修饰现有图像，还能即时生成图形以供 Web 使用。

（1）ImageDraw.Draw()

其功能是创建一个画板对象。语法结构如下：

```
ImageDraw.Draw(image)
```

其中，image 包含图片文件的存储路径，类型为字符串；函数返回一个画板对象，可以在上面绘制图片和字符串。

（2）ImageDraw.Draw.text()

其功能是在给定位置绘制字符串，Draw 是一个画板对象，即画板对象可以调用 text() 函数。text() 函数的语法结构如下：

```
ImageDraw.Draw.text(xy,text,fill=None,font=None)
```

其中，xy 是文字的坐标；text 是要绘制的文本，如果包含任何换行符，则文本将传递到 multiline_text()；fill 属性设置文本的颜色；font 属性设置字符串的字体；函数返回带有文本的图像对象。

4. ImageFilter 模块

日常需要对图像进行平滑、锐化、边界增强等滤波处理。PIL 图像处理库里面包含了图像滤波模块——ImageFilter。ImageFilter 模块调用 filter() 滤波函数对图像进行滤波处理。filter() 函数的参数说明见表 2-4。

表 2-4　filter() 函数的参数说明

参数	说明
BLUR	模糊滤波
CONTOUR	轮廓滤波
DETAIL	细节滤波
EDGE_ENHANCE	边界增强滤波
EDGE_ENHANCE_MORE	边界增强滤波（程度更深）
EMBOSS	浮雕滤波

（续）

参数	说明
FIND_EDGES	寻找边界滤波
SMOOTH	平滑滤波
SMOOTH_MORE	平滑滤波（程度更深）
SHARPEN	锐化滤波
GaussianBlur(radius=2)	高斯模糊

2.5.4 解决问题

1. 任务 1：读取图片

（1）任务分析

Python 有丰富的第三方库，可以用于图片的处理操作。本任务分别使用 skimage 库和 PIL 库完成图片的读取操作，按照相应的任务目标和任务分析编写代码，完成任务 1。

（2）任务实施

1）使用 skimage 库读取图片。

本任务要求使用 Python 打开图片，并显示到屏幕上。

首先导入 skimage 库的 io 模块，然后利用 io 模块的 imread() 函数打开并读取图片文件，最后调用 io 模块的 imshow() 函数显示图片。

使用 Python 编辑器新建文件 task1_img_read.py，源代码如图 2-25 所示。

代码行 1: 导入 skimage 库的 io 模块。

代码行 3: 读取本地图片文件。调用 io 模块的 imread() 函数完成图片的读取操作。该函数的参数是本地图片的路径，类型为字符串。其中，“.\dog.png”表示当前目录下的 dog.png 图片；“.\”表示当前路径，即与此 Python 文件 task1_img_read.py 在一个文件夹。

代码行 4：显示图片。调用 io 模块的 imshow() 函数，显示打开的图片对象 img。该函数的参数是图像对象 img。

上述程序的运行结果如图 2-26 所示。在屏幕上显示出本地图片 dog.png，图片的左侧和下侧带有坐标轴，并且图片是彩色的。

task1_img_read.py

```
1 from skimage import io
2 # 二、从外部读取图片并显示(彩色)
3 img = io.imread('.\dog.png')
4 io.imshow(img)
5 io.show()
6
7
```

图 2-25 读取彩色图片的源代码

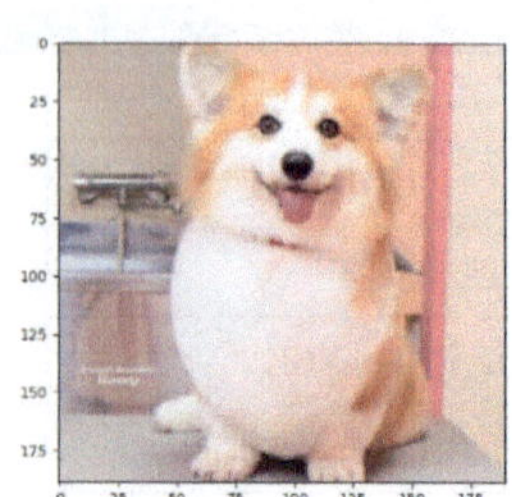

图 2-26 显示读取的图片

有些特殊情况下，需要对图像进行灰度化处理。基于上述源代码，做一些修改，即可以把图片由彩色转换成灰色。修改后的源代码如图 2-27 所示。这里只对代码行 4 进行了修改，在 imread() 函数中添加了一个参数 as_grey=True，其含义是将图片设置为灰色。如果 as_grey=False 或者省略不写，则默认读取的图片是彩色的。程序运行结果如图 2-28 所示。

task1_img_read.py

```
1 from skimage import io
2
3 # 二、从外部读取图片并显示(灰色)
4 img = io.imread('.\dog.png',as_gray=True)
5 io.imshow(img)
6 io.show()
7
```

图 2-27　读取灰色图片的源代码

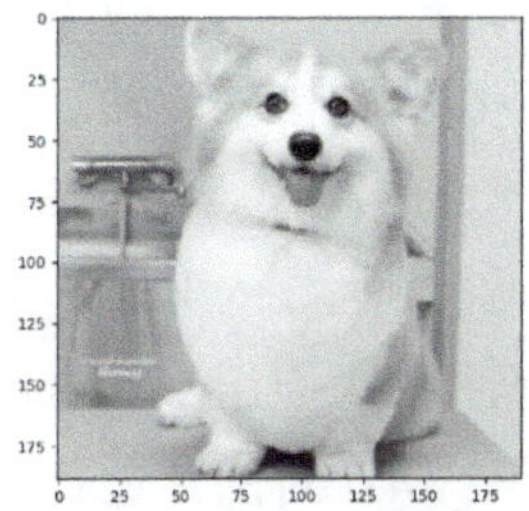

图 2-28　图片读取结果

2）使用 PIL 库读取图片。

本任务要求使用 PIL 库读取图片。使用 Python 编辑器新建文件 task1_img_read2.py。

首先导入 PIL 库的 Image 模块，然后调用 Image 模块的 open() 函数读取本地图片 dog.png，最后显示图片 dog.png。

源代码如图 2-29 所示。

代码行 1：导入 PIL 库的 Image 模块。

代码行 3：使用 Image 模块的 open() 函数打开本地图片 dog.png。函数的参数包含图片的路径，类型为字符串。

代码行 4：显示图片。用打开的图像对象 img 调用 show() 函数，即可在屏幕上显示图片。

程序的运行结果如图 2-30 所示，这里是使用本地图片编辑器打开的图片，图片是彩色的。

task1_img_read2.py

```
1 from PIL import Image
2
3 img = Image.open("./dog.png")
4 img.show()
5
6
```

图 2-29　使用 Image 模块读取图片

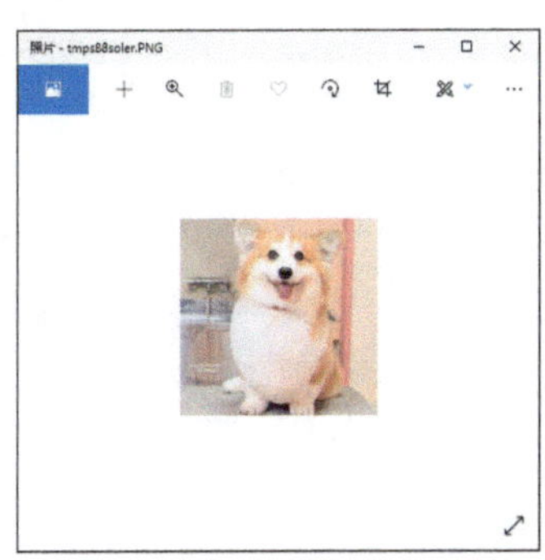

图 2-30　程序的运行结果

2. 任务 2：调整与保存图片

（1）任务分析

日常生活中经常会对图片进行处理，比如调整图片的大小、旋转图片以及保存图片等。本任务的目标是完成图片的调整及保存。

（2）任务实施

首先导入 PIL 库的 Image 模块，然后打开本地图片，其次使用图片处理函数 transpose() 对图像进行处理，最后保存并显示处理后的图片。

本任务的源代码如图 2-31 所示。

代码行 1：导入 PIL 库的 Image 模块。

代码行 3：使用 Image 模块的 open() 函数打开本地图片 dog.png。

代码行 4：对图片进行左右翻转。

代码行 5~6：显示并保存图片。

上述程序运行后的结果如图 2-32 所示，图片保存效果如图 2-33 所示。

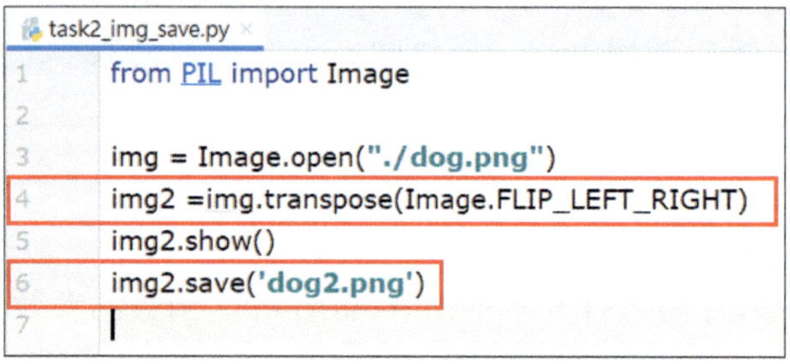

```
task2_img_save.py
1  from PIL import Image
2
3  img = Image.open("./dog.png")
4  img2 =img.transpose(Image.FLIP_LEFT_RIGHT)
5  img2.show()
6  img2.save('dog2.png')
7
```

图 2-31　调整与保存图片的源代码

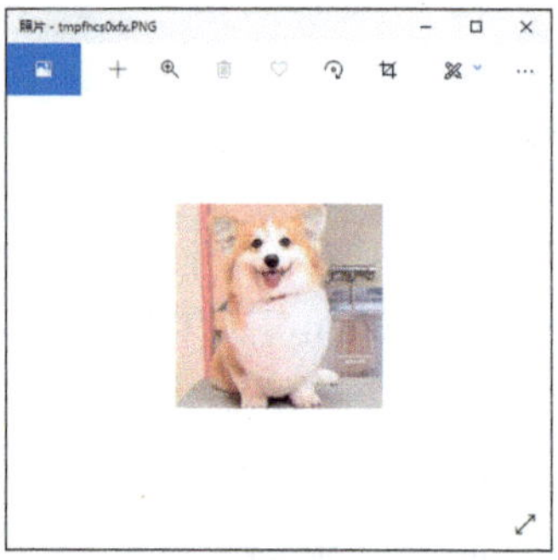

图 2-32　图像左右翻转效果图

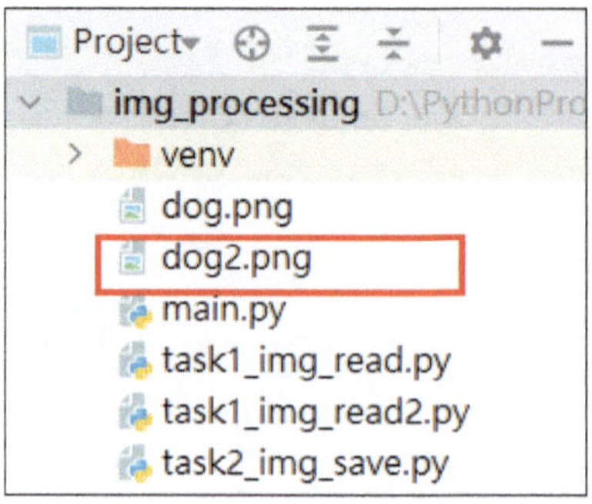

图 2-33　图片保存效果图

3. 任务 3：将文字写入图片

（1）任务分析

微信或者 QQ 聊天时会用到许多图片表情包，这些图片表情包如果加上文字会更加生动、有趣。Python 的 PIL 库可以实现给表情包图片添加文字。

本任务的目标是给表情包图片添加文字。

（2）任务实施

首先导入所需要的 PIL 库，其次将字体文件导入并将字体写入图片，最后显示写入文字后的图片。

任务 3 的源代码如图 2–34 所示。

代码行 1：导入 PIL 库的图片处理模块 Image、ImageDraw 和 ImageFont。

代码行 3：使用 Image 模块的 open() 函数，打开表情包图片 smile.jpg。需要注意的是，图片与 Python 文件 task3_img_word.py 要处于同一目录下。

代码行 4：将表情包图片转化为画板对象，起名为 draw。Draw() 函数属于 ImageDraw 模块，它的功能是将一张图片转换为一个画板。若没报错，则说明图片已经可以加入文字了。

代码行 6：导入字体文件。字体文件 a.ttf 是一种中文字体，可以上网下载，也可以使用 Windows 自带字体文件，位置在“C:\Windows\Fonts”目录中；字号为 45 磅。

代码行 7：在画板对象 draw 上面绘制字符串。文字的起点在表情包左上角，颜色为红色，字体为 a.ttf 字体。

代码行 9：显示写入文字后的图片。

程序的运行结果如图 2–35 所示。

```
task3_img_word.py
1   from PIL import Image,ImageDraw,ImageFont
2
3   img = Image.open("smile.jpg")
4   draw =ImageDraw.Draw(img)
5
6   tfont = ImageFont.truetype("a.ttf",45)
7   draw.text((10,10),"你好！",fill="red",font=tfont)
8
9   img.show()
10
```

图 2–34　任务 3 的源代码

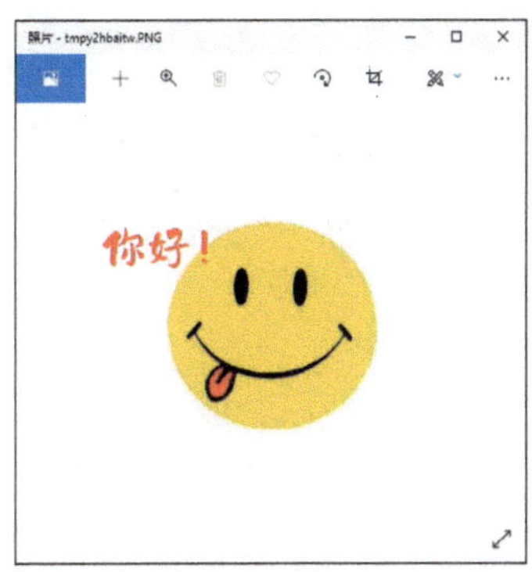

图 2–35　将文字写入图片效果图

4. 任务 4：给图片“美颜”

（1）任务分析

美颜相机可以对照片进行滤镜和色彩模式处理，Python 的 PIL 库同样可以对图片进行色彩与滤波处理。

本任务的目标是对图片进行样式处理。

（2）任务实施

首先，导入所需要的 PIL 库的 Image 和 ImageFilter 模块；然后，打开一张图片，使用 convert() 函数对图片的色彩模式进行处理，并显示每个色彩模式对应的图片；最后，使用 filter() 函数对图片的滤镜进行转换，显示每种滤镜处理后的图片。

任务 4 的源代码如图 2–36 和图 2–37 所示。

代码行 1：导入 PIL 库的 Image 和 ImageFilter 模块。

代码行 2：使用 Image 模块的 open() 函数，打开待处理图片 jz.png，原图如图 2–38 所示。

代码行 5~10：使用 conver() 函数进行色彩模式的处理，这里 convert() 的参数分别采用了 1、L 和 YCbCr 三种模式，对应的图片处理效果如图 2–39~ 图 2–41 所示。

代码行 13~22：使用 filter() 函数对图片的滤镜进行切换，并依次显示图片。参数分别采用了 BLUR、CONTOUR、DETAIL、EMBOSS 和 SHARPEN，对应的图片效果如图 2–42~ 图 2–46 所示。

task4_img_beauty.py

```
1  from PIL import Image,ImageFilter
2  img =Image.open("jz.png")
3
4  #色彩空间转换
5  img1=img.convert("1")
6  img1.show()
7  img2=img.convert("L")
8  img2.show()
9  img3 = img.convert("YCbCr")
10 img3.show()
```

图 2–36　色彩模式处理的源代码

```
12 #图像滤镜
13 im1 = img.filter(ImageFilter.BLUR)
14 im1.show()
15 im2 = img.filter(ImageFilter.CONTOUR)
16 im2.show()
17 im3 = img.filter(ImageFilter.DETAIL)
18 im3.show()
19 im4 = img.filter(ImageFilter.EMBOSS)
20 im4.show()
21 im5 = img.filter(ImageFilter.SHARPEN)
22 im5.show()
```

图 2–37　滤镜切换的源代码

图 2-38　jz.png 原图

图 2-39　mode = 1

图 2-40　mode = L

图 2-41　mode=YCbCr

图 2-42　滤波参数为 BLUR

图 2-43　滤波参数为 CONTOUR

图 2-44　滤波参数为 DETAIL

图 2-45　滤波参数为 EMBOSS

图 2-46　滤波参数为 SHARPEN

课后习题

一、选择题

1. Python 用于制作二维码的第三方库有（　　）。

A. MyQR　　B. qrcode　　C. PIL　　D. Tkinter

2. 安装 PIL 库的命令是（　　）。

A. pip install pillow　　B. pip install pil

C. pillow install pil　　D. pillow install PIL

3. 导入第三方库的命令是（　　）。

A. pip　　B. read　　C. import　　D. write

4. 在 myqr 模块中，使用（　　）函数生成二维码。

A. write( )　　B. run( )　　C. read( )　　D. words

5. 调用 myqr 模块生成彩色二维码时，参数 colorized 的值是（　　）。

A. True　　B. False

6. Image 模块中，打开图片的函数是（　　）。

A. open()　　B. read()　　C. save()　　D. show

7. 在 io 模块中，用（　　）函数读取图片。

A. write()　　B. imshow()　　C. show()　　D. imread()

二、实训题

1. 使用 Python 编程，生成彩色二维码，保存到 D 盘。

2. 生成一张嵌套自己头像的二维码。

3. 调用 Python 的图片处理模块，在表情包图片上添加文字“我爱你，中国”。

第3章 图像识别与网络安全

随着大数据技术的飞速发展，图像识别技术越来越频繁地在出现在人们的日常生活中。图像识别技术是人工智能领域的一个重要分支，图像识别的应用范围包括政治、经济、公共卫生、交通管理等诸多领域。科技解放了人类的双手，使得生活越来越便利，其中一个普遍的应用就是停车场的智能化管理，目前许多公共场所和居民小区的停车场都采用智能停车管理系统。智能停车管理系统采用图像识别技术，自动识别车辆的车牌号，进行车辆的出/入控制和停车收费管理等操作。本章介绍了图像识别技术的概念、原理、发展历程及应用场景，并着重介绍了图像识别技术在智慧停车系统中的应用，结合 Python 语言和百度 AI 开放平台完成车牌号识别的可视化操作。

知识目标

1）了解图像识别的概念及原理。

2）了解图像识别的发展历程。

3）了解图像识别的应用场景。

技能目标

1）能够熟练掌握百度 AI 的 Python SDK 安装过程。

2）能够熟练使用 Python 语言调用图像识别接口。

3）能够熟练使用 Python 语言对车牌号进行批量识别。

3.1 案例导入：抖音道具的图像识别技术

2021 年，抖音的春节道具“好运剪纸”，引爆 40 亿播放量。一眨眼的功夫，抖音里的用户头像就会变成剪纸版的自己。这一设计美观、新颖，还凸显了我国的传统文化，深受全国网民的喜爱。

抖音道具不仅可以将人像变为贴纸，还可以让静物动起来。充满年味的抖音道具“万物来拜年”，只需用手机镜头对准一个物体一扫，被扫描过的苹果、饮料、香蕉等物品就瞬间“活了”，不仅有了活泼可爱的五官，还有喜庆的动作特效，有的像财神一样端着元宝，有的舞着狮子，还有的持作揖拜年的样子，广大网友玩得不亦乐乎。

这些生动形象、妙趣横生的抖音道具，背后采用了什么技术呢？“好运剪纸”采用了一种基于图像识别的神经网络技术——生成对抗网络（Generative Adversarial Network，GAN）。GAN 中包含一个生成器和一个判别器：生成器就像乙方，负责画画；判别器就像甲方，负责审核乙方的画。甲乙双方不断互相“折磨”，画很多稿之后才能创造出和目标最像的作品，GAN 这个整体也就学会了自动生成用户想要的图片。

道具背后的技术团队参考了 CycleGAN、MUNIT 等业界流行的各种 GAN，以及可以生成漫画的 UGATIT、CartoonGAN 等，设计了生成剪纸的 GAN，这也是抖音端第一款实时全图 GAN，不仅覆盖人脸部分，而且整个画面都可以转变成剪纸的样子。

万物来拜年则使用了显著物体分割算法。想要让各种物品都能动起来，首先要把物体从手机拍摄的画面中精准地“抠”出来。先把图中的物体拆分出来，再进行后处理，提升边缘分割精度，增加动画效果，这样，不管是苹果还是南瓜，都变成了会拜年的小活物。

3.2 图像识别技术简介

大数据时代，数据无处不在，其中就包括海量的图片形式数据。对这些图片的处理需要超强的图像识别能力。虽然人的图像识别能力很强，但是处理数以万计的图片信息，是非常耗费人工和成本的。基于这种需求，图像识别技术诞生了，它模拟了人类识别图像的过程，是人工智能领域的重要技术之一。

3.2.1 图像识别的概念

人工智能领域的图像识别是借助计算机，模拟人类识别图像的过程，以在静态图像和视频中检测出样本物体的技术。常见的图像识别技术包括人脸识别、物品检测、车辆检测、行人检测等。今天所指的图像识别并不仅是用人类的肉眼，而是借助计算机技术进行识别。虽然人类的识别能力很强大，但是对于高速发展的社会，人类自身识别能力已经满足不了需求，于是就产生了基于计算机的图像识别技术，用于解决人类无法识别或者识别率特别低的问题。

3.2.2　图像识别的原理

图像识别主要是需要处理具有一定复杂性的信息，处理技术要结合计算机程序对相关内容模拟并予以实现。

图像识别技术同生物图像识别在原理上是一致的。生物的图像识别通过提取图像的主要特征，将这些特征与各个类别的特征进行比对，看看与哪个类别最匹配，将最匹配的类别作为图像识别的结果。

计算机的图像识别技术是以图像的主要特征为基础的。每个图像都有它独一无二的特征，如字母 M 有两个尖、字母 O 有个圈、而字母 V 的下端有个锐角等。对生物图像识别时眼动的研究揭示，视线总是聚焦在图像的主要特征上，即聚焦在图像的轮廓曲度最大或轮廓方向突然改变的位置，这些位置涵盖的信息量最大。而视线的扫描路线也总是依次从一个特征跳转到另一个特征上。由此可见，生物直觉机制在图像识别时，必须排除输入图像的多余信息，抽取图像的关键信息。同时大脑里应该有一个信息整合机制，它能把各阶段获得的碎片信息拼凑整合成一个完整的直觉映像。

在计算机进行的图像识别中，计算机首先能够完成图像分类并选出重要信息、排除冗余信息，并根据这一分类，计算机就能够结合自身记忆存储和相关要求进行图像的识别，这一过程本身与人脑识别图像并不存在着本质差别。对于图像识别技术来说，其本身提取出的图像特征直接关系着图像识别能否取得较为满意的结果。

3.2.3　图像识别的发展历程

1966 年，人工智能之父马文·明斯基在课堂上给学生布置了一道作业题目，题目的要求是通过编写一道程序，让计算机告诉我们它通过摄像头看到了什么。从此一大波研究者开始在图像识别的方向上摸索前行。

20 世纪 70 至 80 年代，马文·明斯基的作业题目有了一些眉目，现代电子计算机的出现，让计算机有机会回答它看到了什么。研究者通过分析人类看东西的过程，提出了“三维重构”理论。当时的人们普遍认为，人类能观察并理解事物，是因为用两只眼睛可以立体地观察事物。由此类比计算机，计算机“看到”的立体图像，应该解析成“左右两只眼睛”看到的二维图像，再通过计算机进行分析和处理，也就是将事物的三维结构从二维图像中恢复出来。

20 世纪 90 年代，图像处理技术有了飞速的进步，一些学者涌出了新的灵感。他们认为人类能识别一个苹果，是因为已经有了苹果辨别的经验，即先验知识：苹果的颜色是红色、轮廓是圆的并且表面是光滑的。如果计算机也拥有这样的一个先验知识库，让计算机看到的图像与之匹配，那么也可以让计算机识别并理解它所看到的事物，这就是“先验知识库”方法。在“先验知识库”方法里，事物的形状、颜色、表面的纹理等特征都会受到视角与观察环境的影响，在不同角度、不同光线、不同遮挡的情况下会产生变化，但是事物的几个主要特征变化不大。基于这个规律，研究者提出新方法，即通过局部特征的知识来判断实物，对实物建立一个局部特征索引，即使视角或观察环境发生变化，也能比较准确地匹配成功。因此这一时期基于先验知识库的局部特征索引技术，使图像识别取得了更大的发展，并被广泛应用于工业领域。

21 世纪初，海量数据的产生，加之机器学习的广泛应用，计算机图像识别发展迅速。机器学习取代了以往基于先验知识库等传统的图像识别方式，使得图像识别更加智能化。机器基于海量的数据，自动从这些数据中总结、归纳出物体的主要特征，然后进行识别与判断。这一阶段涌现出非常多的应用，包括人脸识别、车牌识别等。

2010 年以后，深度学习方法快速推进了图像识别技术的发展，计算机图像识别实现了爆发式增长和产业化。在这一时期，学者提出了神经网络图像识别，它模拟了人脑功能的许多基本特征，是目前比较新的一种图像识别技术。

近年来，图像识别在现代科技中扮演着至关重要的角色，许多领域，如无人驾驶、人脸识别、导弹跟踪等，都离不开图像识别技术。随着时代的进步、科技的发展，图像识别技术不断完善，发展到今天主要有统计识别、模糊集识别、神经网络识别、模板匹配识别、结构识别、支持向量机识别等方法。

3.3 图像识别的应用场景

除车牌识别外，图像识别还在医疗、工业、监控、办公等领域有广泛应用。

3.3.1 医疗影像诊断

医疗数据中有超过 90% 的数据来自医疗影像。医疗影像领域拥有海量的信息资源，医疗影像可以辅助医生进行诊断，提高医生的诊断效率。腾讯公司研发了觅影系统，它是腾讯公司首款将人工智能技术运用在医学领域的 AI 产品，聚合了腾讯公司内部包括 AI Lab、优图实验室、架构平台等多个顶尖人才智能团队，把图像识别、大数据处理、深度学习等领域的技术与医学跨界融合研发而成。觅影系统基于腾讯深度学习技术，对数十万张肺部 CT 影像数据进行学习分析，获得精准定位可疑结节的能力，实现对良恶性判别，从而帮助提高医生诊断效率和准确率。图 3-1 所示是腾讯觅影系统对早期肺癌的筛查过程。

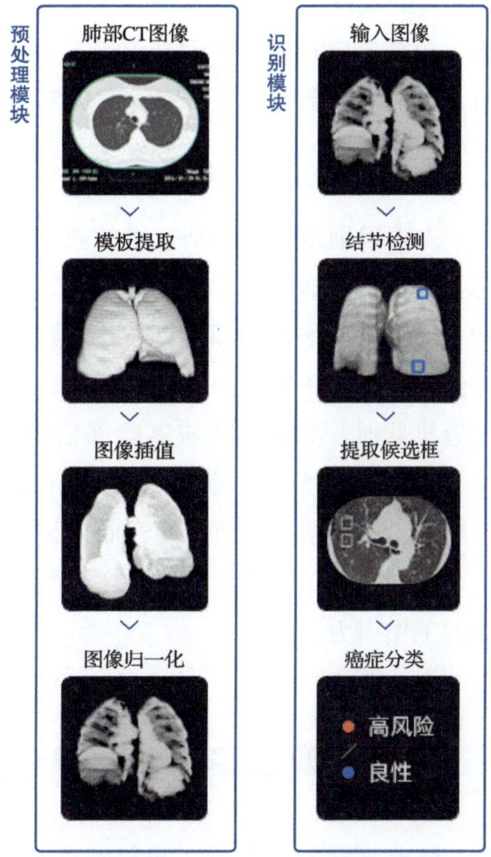

图 3-1　腾讯觅影系统对早期肺癌的筛查过程

3.3.2　工业视觉检测

工业视觉检测是图像识别领域的主要应用之一。在工业生产过程中，几乎所有的产品都需要检测，人工检测存在着准确率低、检测速度慢、检测周期长等弊端，容易影响整个生产过程的效率。因此，图像识别技术被广泛应用在工业领域，让机器自动识别并检测产品。例如硬币边缘字符的检测，2019 年发行的人民币中，壹元硬币的防伪技术得到了提升。在硬币正面面额数字轮廓线内，有一组隐形图文“¥”和“1”。转动硬币，从特定角度可以观察到“¥”，从另一角度可以观察到“1”。鉴于生产过程中的严格控制要求，在人民币制造的最后一道工序上安装了人工智能视觉检测系统，对人民币进行严格检测与筛查。

图像识别技术除了应用于人民币制作工序，其他工业领域也被广泛应用。例如，印刷行业中的套色定位、校色检查，食品行业的饮料瓶盖质量检测，化学品行业的产品包装的条形码及字符识别，医疗行业的药用玻璃瓶的尺寸检测、瓶身外观缺陷检测、瓶肩部缺陷检测、瓶口检测等都采用了图像识别技术。

3.3.3　笔迹识别

图像识别技术本身的应用范围比较广，不仅涉及医疗、工业等诸多领域，也能辅助司法办公，提升办公执法效率。其中，图像识别在司法领域应用频次比较高的场景是笔迹识别。对于每个书写者而言，其笔迹总体上具有稳定性，而笔迹的局部变化则属于每个书写者固有特征。不同的书写者，笔迹的差别比较大。图像识别的过程中，首先提取笔迹的主要特征与内容，包括笔迹长度、笔画粗细、字间距等信息，然后通过人工智能算法进行综合分析，鉴定笔迹的真伪以及其他信息。笔迹识别提升了司法鉴定效率，使得司法活动得以快速展开，同时也减轻了办公人员的工作压力。但是，笔迹识别技术也有相应的缺陷，一些犯罪分子，可能会通过专业模仿签名笔迹来迷惑执法人员。笔迹识别（包括签字识别）有联机和脱机两种。因为联机识别除位置信息外，还可以提取时间、压力等信息，所以识别的正确率相对脱机识别的正确率高。

3.3.4 人脸识别

人脸识别是图像识别技术的典型应用之一。人脸识别是图像识别的热门研究领域，包括人脸追踪侦测、自动调整影像放大、夜间红外侦测、自动调整曝光强度等技术。2017 年春运，火车站采用了新型检票方式——刷脸进站，即基于乘客的脸部特征进行身份识别，验证通过才可以进站。刷脸进站时，自动检票闸机上都安装了摄像头，旅客走近机器时，它会抓取旅客脸部信息，与身份证芯片里的照片进行比对，票证信息相符、人脸与证件照比对通过，闸机自动放行。检票进站作为铁路管理的一项重要工作，传统的人工检票方式速度慢，而且很难完全检测出“人、证、票”是否统一，图像识别技术中的人脸识别在铁路检票环节的应用，极大地提高了检票效率，减轻了铁路工作人员的工作压力。

3.4 项目实践：图像识别在智慧停车系统中的应用

随着互联网的发展，智慧停车服务逐渐替代了传统人工停车服务。随着时代的发展，私家车越来越多，依靠人工的传统停车系统已不能满足人们的需求，主要体现在：人工停车需要远距离刷卡，车主进出速度慢，高峰期需要排队，引起车主不满；存在人情车，管理员私自放行车辆；需要多名管理员，人工成本高。与传统停车相比，智慧停车系统可以实现停车智慧化、管理可视化和运营高效化，能够为车主提供电子支付、车位查询、车位预订、车位导航等服务。智慧停车系统的核心功能之一是车牌识别系统，它基于图像识别技术，自动识别车辆信息。

3.4.1 提出问题

车牌识别系统自动识别车辆信息，应用于停车场、小区、工厂等场景，实现无卡、无人的车辆进出场自动化、规范化管理，有效降低人力成本和通行卡证制作成本，大幅度提升管理效率。与传统停车相比，车牌识别系统存在许多优势：首先，车牌识别系统可以让车辆快速通行，自动识别，无须停车刷卡，直接不停车通行。车流量大、车辆频繁密集的时候满足所有车辆快速入场通行，避免车辆的排队现象，能做到所有车辆不停车入场。其次，有多样化的收费模式，可根据园区的管理，不仅可以实现中央收费、磁卡优惠、储值用户交费等多种交费方式，还可以运用手机端支付，如现在比较流行的微信支付、支付宝支付等方式，并且支持优惠、免费原因的设定和查询等功能。

本小节将利用图像识别技术，模拟车牌自动识别系统，实现车牌号的自动识别功能，并将结果以图形化方式显示出来。

3.4.2　分析问题

图像识别技术是人工智能领域的核心技术之一，但要掌握并灵活使用它，需要具备良好的数学基础、核心算法储备及深厚的编程基础，这对于初学者来说是短时间内难以掌握的。为了解决这一难题，许多平台利用自身的技术优势，搭建了人工智能基础架构平台，并开源供人工智能爱好者使用，这个平台就是 AI 开放平台。基于 AI 开放平台，初学者可以使用搭建好的基础架构资源，通过调用相应的应用程序编程接口（Application Programming Interface，API），就可以使自己的程序调用 AI 功能。

本小节将利用百度 AI 开放平台的免费服务，来初步体验图像识别在智能停车系统中的实际应用。

3.4.3　相关知识

百度 AI 开放平台（https://ai.baidu.com）提供了许多免费的基础资源，方便初学者快速入门。如果你是初学者，首先要了解百度 AI 开放平台的使用方法。如果要使用百度 AI 开放平台，首先要成为开发者，完成账号的注册与认证；账号登录成功后，需要创建应用，这样才可以调用 AI 服务；应用创建完毕后，需要获取密钥，作为实际开发的凭证；其次，如果想调用百度 AI 的 API，需要利用百度 AI 开放平台提供的开发资源；最后根据文档说明，安装百度 AI 的 Python 软件开发工具包（Software Development Kit），才能借助 Python SDK 使用百度 AI 提供的服务。

1. 成为开发者

首先，完成百度 AI 开放平台的账号注册与认证。打开浏览器，输入网址 https://ai.baidu.com 进入百度 AI 官方网站（见图 3–2），单击导航栏右侧的“控制台”选项卡，选择需要使用的 AI 服务项。如果是未登录状态，页面将跳转至登录界面（见图 3–3），需要使用百度账号登录，或者使用手机号完成注册、快捷登录。若首次使用百度 AI，登录后会跳转至开发者认证界面（见图 3–4），需要填写相关信息完成开发者认证。完成账号登录与认证后，进入产品服务导航页面，选择相关服务，如图 3–5 所示。

图 3-2　百度 AI 官网

图 3-3　百度 AI 登录界面

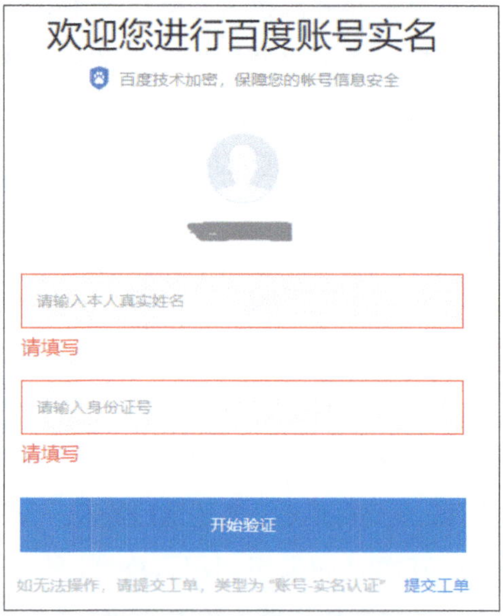

图 3-4　开发者认证界面

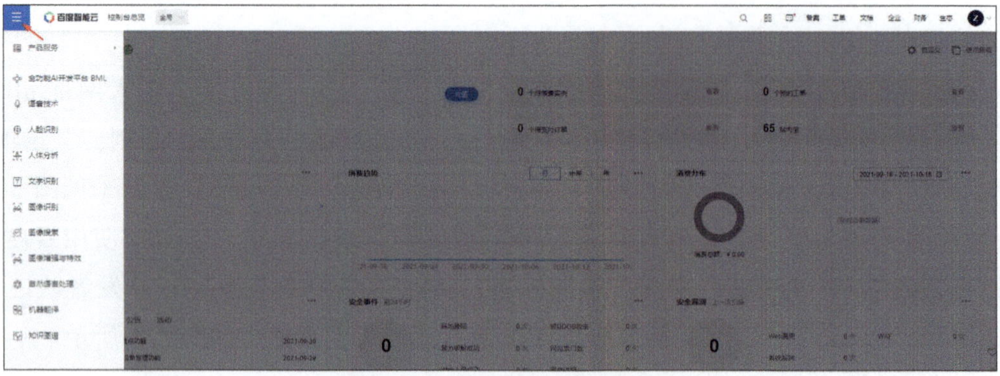
图 3-5　产品服务导航页面

2. 创建应用

正式调用百度 AI 服务前，需要创建应用。应用是调用 AI 服务的基本操作单元。如何创建应用？以图像识别为例，登录成功后，进入控制台，单击左侧导航栏里面的“图像识别”选项，进入图像识别的概览界面，如图 3–6 和图 3–7 所示。单击“创建应用”按钮，即可进入“创建新应用”界面。

创建新应用需要填写“应用名称”“接口选择”“应用归属”和“应用描述”等内容，如图 3–8 所示。其中，“应用名称”支持中英文、数字、下划线、中横线，名称一旦创立，不可修改；“接口选择”提供了可供调用的接口服务，根据需求进行选择，应用创建完毕，此应用即具备了所选接口的调用权限，故此项非常重要；选择“应用归属”为“个人”；“应用描述”填写应用的使用场景。上述四项内容填写完毕，单击“立即创建”按钮，即可创建新应用。

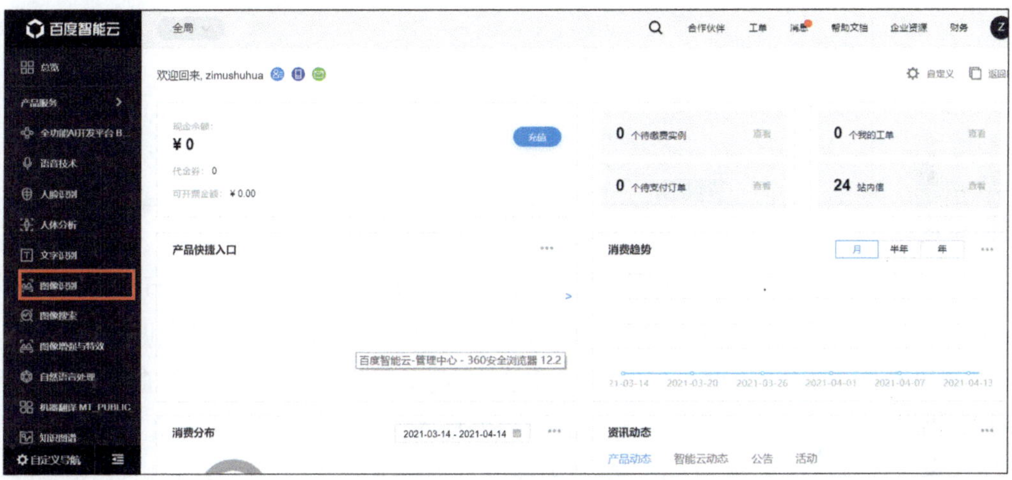

图 3–6　应用导航界面

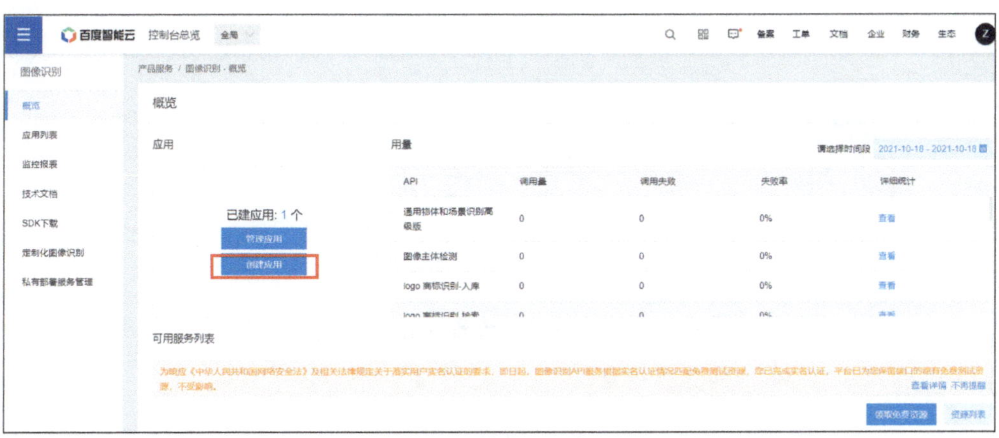

图 3–7　图像识别概览

图 3-8 “创建新应用”界面

已创建的应用，可以在应用列表中查看。访问百度 AI 首页，单击右上角“控制台”选项卡，左侧页面会显示相关的产品服务列表。单击列表中的“图像识别”选项，页面左侧会出现图像识别的信息列表，再单击“应用列表”选项，即可查看所有已创建的应用，如图 3-9 所示。可以看到应用的相关信息，包括“应用名称”“AppID”“API Key”“Secret Key”“创建时间”和“操作”。单击应用名称，进入应用详情，再单击“编辑”按钮，可修改应用信息。

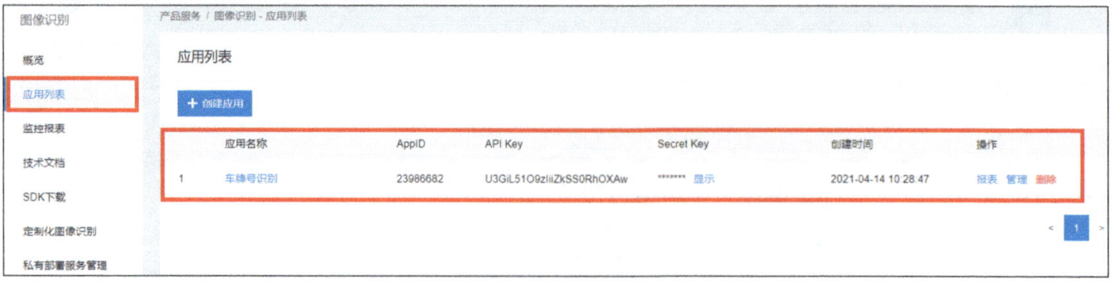

图 3-9 查看应用

3. 获取秘钥

在应用列表中，AppID 是应用编号、API Key 是应用程序编程接口密钥、Secret Key

是密钥，它们是调用百度 AI 工具包的主要凭证，需要妥善保管。图 3-10 所示为应用密钥内容。

图 3-10　应用密钥

4. 查看百度 AI 帮助文档

在图像识别信息列表里，单击左侧列表中的“技术文档”选项（见图 3-11），跳转到技术文档界面，如图 3-12 所示。界面左侧是图像识别对应的所有文档列表，其中包括“QuickStart”快速入门教程、API 参考、SDK 文档等，单击相应的选项即可查看相关的文档。页面右上角有下载链接，单击“下载产品文档”可以下载 PDF 文件保存到本地，方便查看。

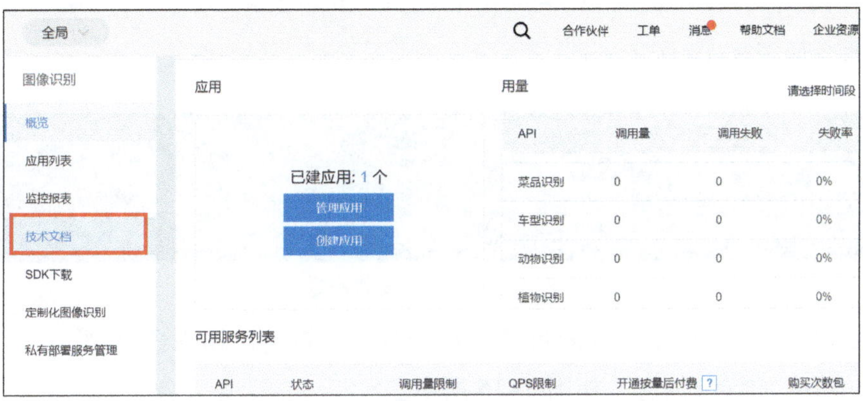

图 3-11　单击“技术文档”选项

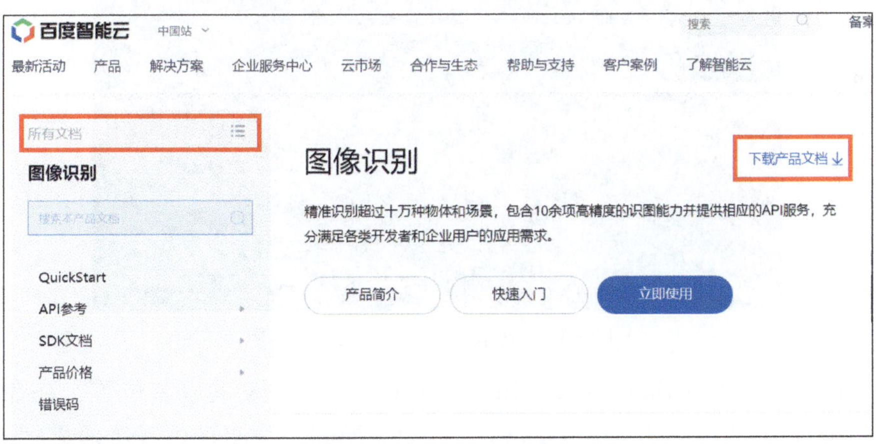

图 3-12　技术文档界面

5. 安装百度 AI 的 Python SDK

根据百度 AI 的文档说明安装 Python SDK，才能使用 Python 语言采用 SDK 方法调用百度 AI 提供的图像识别服务。在“图像识别”的“所有文档”导航栏，单击

“Python SDK 文档”下的“快速入门”选项，查看 Python SDK 的安装方法。首先需要准备 Python 环境，支持的 Python 版本是 2.7.x、3.x。

图 3-13 所示是百度 AI 的 Python SDK 的安装方式。第一种方式是使用 pip 工具安装。如果已经安装了 pip，则在命令行窗口执行命令“pip install baidu-aip”即可安装百度 AI 的 Python SDK 安装包。需要注意的是，如果提示 pip 需要升级，请按提示升级 pip，再重新安装 baidu-aip。

安装使用Python SDK有如下方式：

- 如果已安装pip，执行`pip install baidu-aip`即可。
- 如果已安装setuptools，执行`python setup.py install`即可。

图 3-13　百度 AI 的 Python SDK 安装方式

安装命令如图 3-14 所示。

```
C:\Windows\System32>pip install baidu-aip
Requirement already satisfied: baidu-aip in f:\python3.7\lib\site-packages (2.2.18.0)
Requirement already satisfied: requests in f:\python3.7\lib\site-packages (from baidu-aip) (2.25.1)
Requirement already satisfied: certifi>=2017.4.17 in f:\python3.7\lib\site-packages (from requests->baidu-aip) (2020.12.5)
Requirement already satisfied: idna<3,>=2.5 in f:\python3.7\lib\site-packages (from requests->baidu-aip) (2.10)
Requirement already satisfied: urllib3<1.27,>=1.21.1 in f:\python3.7\lib\site-packages (from requests->baidu-aip) (1.26.3)
Requirement already satisfied: chardet<5,>=3.0.2 in f:\python3.7\lib\site-packages (from requests->baidu-aip) (4.0.0)
```

图 3-14　pip 安装命令

安装后可以查看 baidu-aip 的目录。在命令提示符窗口输入命令“pip show baidu-aip”，查看 SDK 的详细信息，如图 3-15 所示。

```
C:\Users\lihe>pip show baidu-aip
Name: baidu-aip
Version: 2.2.18.0
Summary: Baidu AIP SDK
Home-page: https://github.com/Baidu-AIP
Author: Baidu
Author-email: aip@baidu.com
License: Apache License
Location: f:\python3.7\lib\site-packages
Requires: requests
Required-by:
```

图 3-15　查看百度 AI 的 SDK 信息

图中“Location: f:\python3.7\lib\site-packages”是 SDK 的安装位置，在命令行窗口继续输入命令“F：”后，按 <Enter> 键，自动切换到安装路径；继续输入“cd aip”命令进入百度 AI 的 SDK 目录；输入“dir”命令查看当前目录的信息，如图 3-16 所示。其中，imageclassify.py 就是图像识别模块，face.py 是人脸识别模块，speech.py 是语音识别模块，ocr.py 是文字识别模块，还有许多其他的模块。

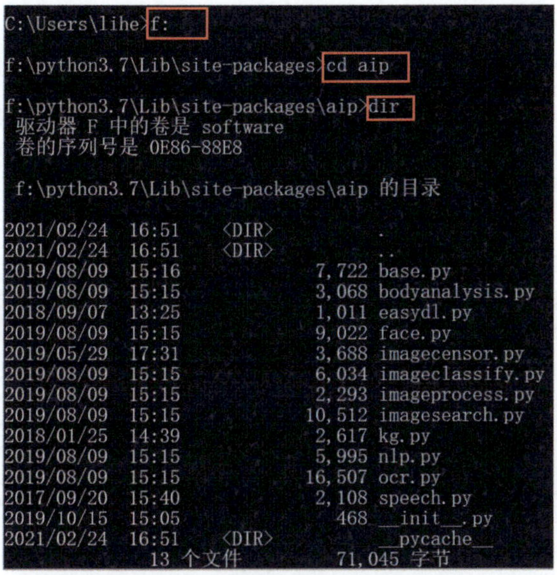

图 3-16　查看百度 AI 的 SDK 目录

3.4.4　解决问题

1. 任务 1：百度 AI 图像识别接口的功能演示

（1）任务分析

百度 AI 提供了免费的图像识别服务接口，该接口对应生活中许多常见的场景。其中最主要的是对用户浏览的图片或观看的视频内容进行识别，根据识别结果给出相关内容推荐或广告展示。该接口广泛应用于新闻资讯类、视频类 App 等内容平台中。

（2）任务实施

车牌号识别也属于百度 AI 图像识别接口的应用领域。百度 AI 开放平台提供了“功能演示”模块，用户只需要上传待识别的图片，即可在平台网页上查看识别的结果。例如图 3-17 所示的识别结果。

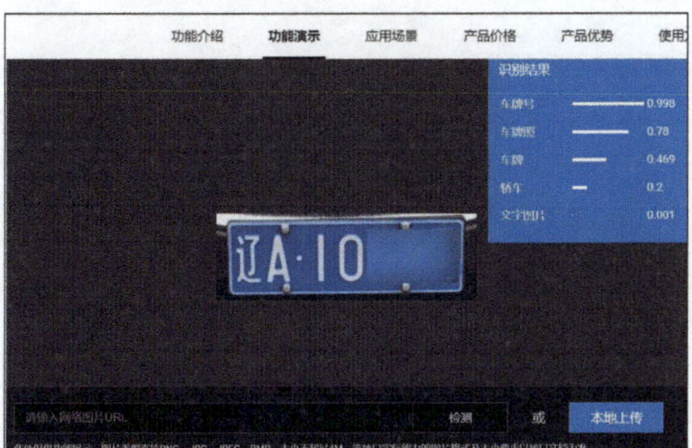

图 3-17　车牌号识别功能演示结果

要使用“功能演示”模块，首先需要登录百度 AI 官网。在网页单击导航栏中的“开放能力”选项卡，然后再单击左侧列表中的“图像技术”选项，右侧则会出现对应的图像识别接口，如图 3-18 所示。选择“图像识别”类别下的“通用物体和场景识别”选项，进入该接口的详情界面，如图 3-19 所示。

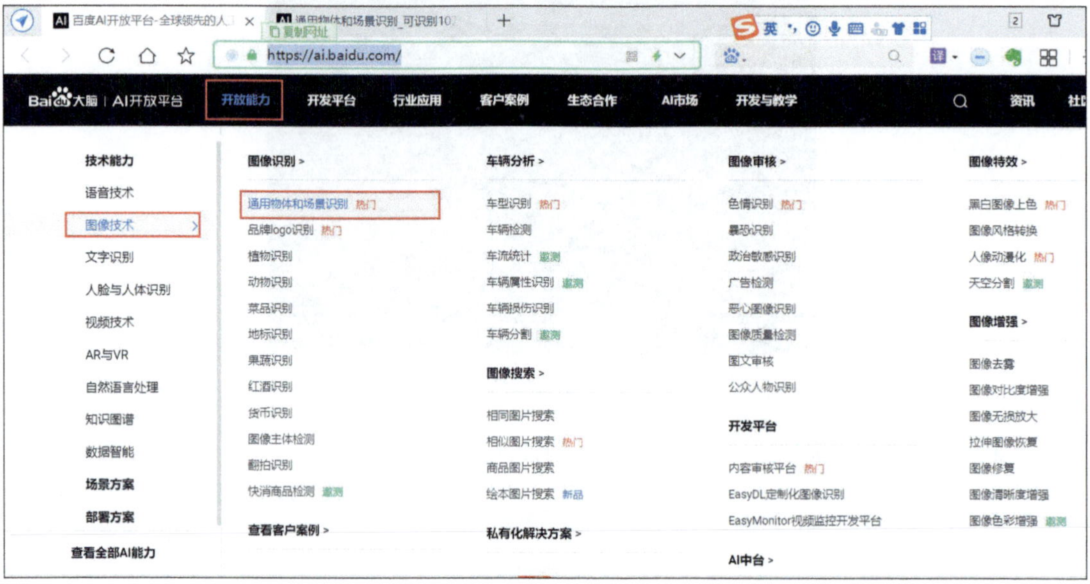

图 3-18 “图像技术”对应的图像识别接口

图 3-19 “通用物体和场景识别”接口的详情界面

进入“通用物体与场景识别”接口详情界面，可以在导航栏中看到“功能演示”模块。此处仅供功能展示，图片类型支持 PNG、JPG、JPEG、BMP，大小不超过 2M。单击“本地上传”按钮，将图片上传到平台中，然后单击“检测”按钮，在界面的右上角，会显示识别的结果，如图 3-17 所示。该结果显示，有 0.998 的可能性是车牌号，有 0.78 的可能性是车牌照，0.469 的可能性是车牌。识别的结果是准确的。

线上接口功能演示形象地展现了车牌号的识别过程。优点是直观、方便，不需要阅读相关的文档，易上手操作；缺点是需要在联网的条件下执行，不能做进一步的功能扩展。后续的任务 2 实现了在本地调用接口的具体操作；任务 3 实现了图形化显示车牌号识别结果；任务 4 实现了批量识别车牌号，并图形化显示。

2. 任务 2：通过 SDK 调用图像识别接口

（1）任务分析

本任务的目标是上传图片，识别是否有车牌号。新建文件 task3_2_image_classify.py，完成任务 2。

（2）任务实施

1）新建图像识别客户端。

AipImageClassify 是图像识别的 Python SDK 客户端，为使用图像识别的开发人员提供了一系列的交互方法。根据文档说明，首先要新建 AipImageClassify。示例代码如图 3-20 所示。其中，常量 APP_ID 在百度智能云控制台中创建，常量 API_KEY 与 SECRET_KEY 是在创建完毕应用后，系统分配给用户的，均为字符串，用于标识用户，为访问做签名验证，可在 AI 服务控制台的应用列表中查看。

用 Python 新建客户端，将示例代码复制到编辑器，将其中的 APP_ID、API_KEY、SECRET_KEY 的值替换成百度 AI 应用列表中已创建的应用属性值即可，源代码片段如图 3-21 所示。

```
from aip import AipImageClassify

""" 你的 APPID AK SK """
APP_ID = '你的 App ID'
API_KEY = '你的 Api Key'
SECRET_KEY = '你的 Secret Key'

client = AipImageClassify(APP_ID, API_KEY, SECRET_KEY)
```

图 3-20　新建图像识别客户端示例代码

```
from aip import AipImageClassify
""" 你的 APPID AK SK """
APP_ID = '[illegible]'
API_KEY = '[illegible]'
SECRET_KEY = '[illegible]'

client = AipImageClassify(APP_ID, API_KEY, SECRET_KEY)
```

图 3-21　新建图像审核客户端源代码片段

2）读取车牌号图片文件。

本任务将对一张图片进行识别，检查是否有车牌号。该图片存放于当前代码文件所在目录的下一级子目录 images 中，图片文件名为 car_number.jpg。这里要使用到 Python 的文件操作函数 open() 和 read()。用 open() 函数打开待识别的图片文件，注意读取的模式是二进制 'rb'，然后用 read() 函数读取图片，存放到 img 变量中，最后关闭打开的图片文件。源代码片段如图 3-22 所示。

```
filename = r'E:/python/image_classify_chapter3/images/car_number.jpg'
fo = open(filename,'rb')
img = fo.read()
fo.close()
```

图 3-22　读取图片的源代码片段

3）调用图像识别接口。

使用百度 AI 的图像识别接口，一定要查看接口说明。图像识别的接口说明位于百度 AI 的帮助文档里，在“所有文档”下展开“SDK 文档”目录，单击“Python SDK 文档”选项，可以看到“接口说明”。接口说明非常关键，它包含了接口简介、调用时所需要的请求参数详情和调用后的返回数据参数详情。

调用通用物体识别接口——advancedGeneral。根据帮助文档中的“接口说明”提示，本任务可以通过客户端请求“通用物体识别接口”，进行车牌号识别。该请求用于对输入的一张图片（可正常解码，且长宽比适宜）进行分析，输出图片中的多个物体及场景标签。可以按照图 3-23 中的示例代码进行调用。其中，请求参数是 image。说明文档对其的解释如图 3-24 所示。

```
""" 调用通用物体识别 """
client.advancedGeneral(image);
```

图 3-23　调用通用图像识别接口示例代码

通用物体识别 请求参数详情

参数名称	是否必选	类型	默认值	说明
image	是	string		图像数据，base64编码，要求base64编码后大小不超过4M，最短边至少15px，最长边最大4096px,支持jpg/png/bmp格式

图 3-24　image 请求参数说明

调用通用接口，可以直接把上述示例代码复制到程序中，用已读取的待识别图片变量替换 image 即可，输出图像识别的结果。源代码如图 3-25 所示。

```
result = client.advancedGeneral(img)
print(result)
```

图 3-25　通用物体识别源代码

执行代码，得到如下结果：

{'result':[{'score':0.957534,'root':'卡片－其他','keyword':'车牌号'}, {'score':0.75589, 'root':'交通工具－汽车', 'keyword':'车牌照'}, {'score':0.418842, 'root':'商品－五金','keyword':'标牌'},{'score':0.194725,'root':'商品－本册／便签','keyword':'商品标签'}, {'score':0.001578, 'root':'非自然图像－文字图', 'keyword':'文字图片'}],

```
'log_id': 1385814370826584064, 'result_num': 5}
```

上述结果的形式稍复杂，下面将分析此结果，提取其中的关键信息，以更直观的方式显示出来。可以看出，结果用花括号“{}”括起来，这是 Python 中的典型数据结构——字典。字典是由键值对组成，键和值之间用冒号分隔，键值对之间用逗号分隔。此结果存储在字典中，只有 3 个键值对，键分别是“result”“log_id”和“result_num”。其中，键“result”对应的值最长，且被中括号括起来，这属于 Python 中的另一个数据结构——列表。也就是说，键“result”对应的值是一个列表。

可以看出，列表里存储了很多关键信息，下面来分析列表内容。

```
[
{'score': 0.957534, 'root': '卡片 - 其他', 'keyword': '车牌号'},
{'score': 0.75589, 'root': '交通工具 - 汽车', 'keyword': '车牌照'},
{'score': 0.418842, 'root': '商品 - 五金', 'keyword': '标牌'},
{'score': 0.194725, 'root': '商品 - 本册 / 便签', 'keyword': '商品标签'},
{'score': 0.001578, 'root': '非自然图像 - 文字图', 'keyword': '文字图片'}
]
```

该列表有 5 个元素，这些元素的数据类型是字典。每个字典元素都是由 3 个键值对构成，分别是“score”“root”和“keyword”。查看百度 AI 的接口说明，接口 advancedGeneral 对应的返回参数说明如图 3-26 所示。

字段	是否必选	类型	说明
log_id	是	uint64	唯一的log id，用于问题定位
result_num	是	unit32	返回结果数目，及result数组中的元素个数
result	是	arrry(object)	标签结果数组
+keyword	是	string	图片中的物体或场景名称
+score	是	float	置信度，0-1
+root	是	string	识别结果的上层标签，有部分钱币、动漫、烟酒等tag无上层标签
+baike_info	否	object	对应识别结果的百科词条名称
++baike_url	否	string	对应识别结果百度百科页面链接
++image_url	否	string	对应识别结果百科图片链接
++description	否	string	对应识别结果百科内容描述

图 3-26　advancedGeneral 接口返回数据参数说明

其中，“score”是图像识别的置信度，取值范围为 0~1，置信度越大，图像识别的结果越准确；“root”是图像识别结果的上层标签，用于区分钱币、动漫、烟酒等无上层标签的图片；“keyword”是图片中的物体或场景名称，即图片识别的结果。

由此可见，键“keyword”对应的值是用户需求的关键信息。可使用 for 循环优化结果，更便于用户阅读。源代码示例如图 3-27 所示，结果如图 3-28 所示。

代码行 17：result['result'] 用于引用字典的键“result”对应的值，也就是对应的列表元素，用 for 循环遍历列表中的每个元素。

代码行 18：输出列表的每个元素，每个元素是一个字典，一共输出 5 个元素，如图 3-28 所示。

代码行 20：用 for 循环遍历列表中的每个元素。

代码行 21：用 if 进行条件判断，i 表示获取到的 result['result'] 中的一个元素，即列表中的任意一个字典元素，i['score'] 表示该字典元素中的键“score”对应的值，如果该值大于 0.9，则可以认为是图像识别的结果。

代码行 22：输出图像识别的结果，结果存储在字典对象 i 中，是键“keyword”对应的值，结果如图 3-28 最后一行所示。

```
16  print("可能的图像识别结果：")
17  for i in result['result']:
18      print(i)
19
20  for i in result['result']:
21      if i['score']>0.9:
22          print("该图片是%s"%(i['keyword']))
23
```

图 3-27　用 for 循环优化图像识别结果示例

```
F:\python3.7\python.exe E:/python/image_classify_chapter3/task3_1_image_classify.py
{'score': 0.957534, 'root': '卡片-其他', 'keyword': '车牌号'}
{'score': 0.75589, 'root': '交通工具-汽车', 'keyword': '车牌照'}
{'score': 0.418842, 'root': '商品-五金', 'keyword': '标牌'}
{'score': 0.194725, 'root': '商品-本册/便签', 'keyword': '商品标签'}
{'score': 0.001578, 'root': '非自然图像-文字图', 'keyword': '文字图片'}
该图片是车牌号
```

图 3-28　for 循环代码执行结果

3. 任务 3：图像化识别结果

之前的代码是用 Pycharm 编辑完成，任务 3 的代码可在任务 1 代码的基础上进行修改。在 Pycharm 工程导航栏中，选中源代码文件“task3_1_image_classify.py”，右击，选择“Copy”命令，复制源代码文件，如图 3-29 所示。再选中工程“image_classify_chapter3”，右击，选择“Paste”命令进行粘贴，如图 3-30 所示。新文件命名为“task3_3_image_classify.py”。

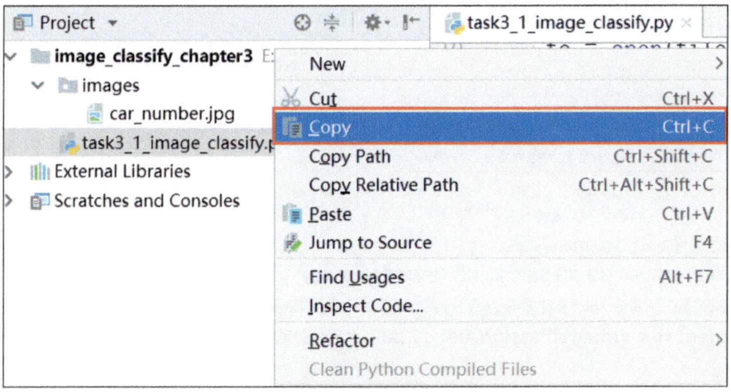

图 3-29　复制任务 1 源代码

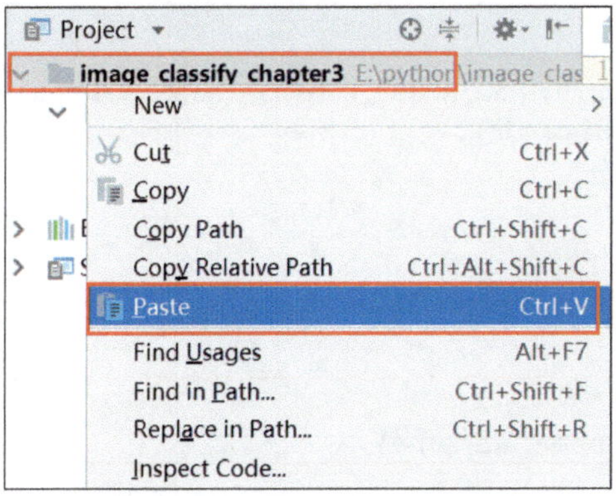

图 3-30　粘贴任务 1 源代码

（1）任务分析

本任务的目标是将车牌号识别结果更直观地显示出来，即将待识别的图片显示出来，如果是车牌号，则在左上角显示“√”形状的标识，如果不是车牌号，则在左上角显示“×”标识。

本任务需要导入 PIL 的三个常用模块，分别是 Image、ImageDraw 和 ImageFont，用 Image 模块中的 open 方法打开带有“√”或“×”的图片。在任务 1 调用图像识别接口进行车牌号识别后，打开被审核图片，如果是车牌号，则粘贴带有“×”的图片，否则粘贴带有“√”的图片。

（2）任务实施

任务 3 的源代码如图 3-31 所示，添加或修改的代码已加框。

代码行 2：导入图像处理的相关库和模块。

代码行 10~12：分别打开带有“×”的图片 wrong.png 和带有“√”的图片 yes.png。

代码行 23~24：重新打开待检测的图片，命名为 im。后续使用 im.show() 显示图片，作为车牌号识别的图形化结果。

```
1  from aip import AipImageClassify
2  from PIL import Image,ImageDraw
3
4  """ 你的 APPID AK SK """
5  APP_ID = '23986682'
6  API_KEY = 'U3GiL51O9zIiiZkSS0RhOXAw'
7  SECRET_KEY = 'fRhUGyxY6WpA5YGmRL99paHxUL8nSGSX'
8  client = AipImageClassify(APP_ID,API_KEY,SECRET_KEY)
9
10 #准备叉号图片
11 ps_no = Image.open("E:\python\image_classify_chapter3\images\wrong.png")
12 ps_yes = Image.open("E:\python\image_classify_chapter3\images\yes.png")
13
14 #读取图片
15 filename = r'E:/python/image_classify_chapter3/images/other.jpg'
16 fo = open(filename,'rb')
17 img = fo.read()
18 fo.close()
20 #调用图像识别接口
21 result = client.advancedGeneral(img)
22
23 #【审核结果图像化】新打开被审核的图片，作为结果显示
24 im = Image.open(filename)
25
26 for i in result['result']:
27     if i['keyword'] == '车牌号' and i['score'] > 0.5:
28         im.paste(ps_yes, (0, 0))
29         print("该图片是%s"%(i['keyword']))
30         break
31     else:
32         im.paste(ps_no, (0, 0))
33         print("该图片不是车牌号")
34         break
35 im.show()
```

图 3-31　任务 3 的源代码

代码行 28：将带有“√”的图片粘贴到待检测图片 im 的左上角。

代码行 29：输出图片的识别结果。

代码行 30：结束 for 循环。

代码行 31~34：如果不是车牌号，则将带有“×”的图片粘贴到待检测图片 im 的左上角，退出循环。

代码行 35：将粘贴过“×”或“√”的待检测图片显示出来，作为车牌号检测的

图形化结果。

任务 3 代码运行结果如图 3-32 和图 3-33 所示，当检测的图片是车牌号，则会在图片左上角打上“√”，否则打上“×”。

图 3-32　任务 3 的执行结果（检测图像是车牌号）

图 3-33　任务 3 的执行结果（检测图像不是车牌号）

4. 任务 4：多张车牌号的图像识别

（1）任务分析

任务 3 完成了单张图片的车牌号识别，但是如果有大量的图片，需要进行车牌号的识别，该怎么办呢？本任务将对多张图片进行车牌号图像识别，如图 3-34 所示。

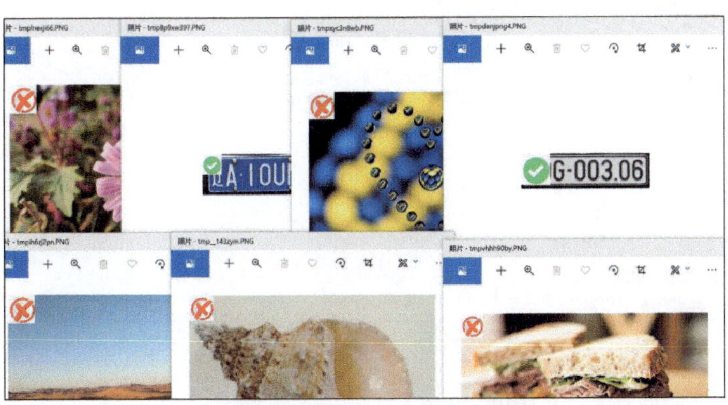

图 3-34　任务 4 的部分结果

本任务用到的图片存储在程序文件夹下的 img 文件夹中。如果批量识别 img 中的图片是否为车牌号，需要借助 Python 中的 os 模块。在 os 模块中，listdir() 函数的功能是获取文件夹下的所有文件名字，并将这些文件名以字符串的格式存储成一个文件名列表。有了文件名列表，再用 for 循环遍历每张图片，最后采用任务 3 的方法进行单张图片的读取和识别。

（2）任务实施

在 PyCharm 中将任务 3 的程序文件 task3_3_image_classify.py 复制一份，并重新命名为 task3_4_image_classify.py，修改代码，完成任务 4。

任务 4 的源代码如图 3-35 所示，新增代码已加框。

```
task3_4_image_classify.py
1  from aip import AipImageClassify
2  from PIL import Image,ImageDraw
3  import os,time
4
5  """ 你的 APPID AK SK """
6  APP_ID = '23986682'
7  API_KEY = 'U3GiL5109zIiiZkSS0RhOXAw'
8  SECRET_KEY = 'fRhUGyxY6WpA5YGmRL99paHxUL8nSGSX'
9  client = AipImageClassify(APP_ID,API_KEY,SECRET_KEY)
10 ps_no = Image.open("E:\python\image_classify_chapter3\images\wrong.png")
11 ps_yes = Image.open("E:\python\image_classify_chapter3\images\yes.png")
12
13 folder_path = 'E:/python/image_classify_chapter3/img'
14 img_list = os.listdir(folder_path)
15
task3_4_image_classify.py
16 for fn in img_list:
17     #读取图片
18     filename = r'E:/python/image_classify_chapter3/img/'+fn
19     fo = open(filename,'rb')
20     img = fo.read()
21     fo.close()
22     result = client.advancedGeneral(img)
23     im = Image.open(filename)
24     for i in result['result']:
25         if i['keyword'] == '车牌号' and i['score'] > 0.5:
26             im.paste(ps_yes, (0, 0))
27             print("该图片是%s"%(i['keyword']))
28             break
29         else:
30             im.paste(ps_no, (0, 0))
31             print("该图片不是车牌号")
32             break
33     im.show()
34     time.sleep(0.5)
```

图 3-35　任务 4 的源代码

代码行 3：导入 os 模块和 time 模块。

代码行 13~14：所有图片的存储路径为“E:/python/image_classify_chapter3/img”，使用 os 模块中的 listdir() 函数获取该路径下所有图片的名字，将每个图片的名字以字符串的形式，作为一个独立的元素，存储到列表 img_list 中。

代码行 16：用 for 循环遍历文件名列表。

代码行 17~33：这段代码是任务 3 中单张图片的车牌识别的程序代码。注意：需要整体向右缩进，因为这些代码属于 for 循环体。

代码行 34：time 模块的 sleep() 函数的功能是让程序休眠，这里休眠 0.5s。百度 AI 提供的图像识别接口，是有调用次数和频率限制的，所以为了避免因这些限制而出现错误，每识别一张图片，让程序休眠 0.5s。

任务 4 程序执行后，运行窗口的输出结果如图 3-36 所示。

```
task3_4_image_classify
F:\python3.7\python.exe E:/python/image_classify_chapter3/task3_4_image_classify.py
该图片不是车牌号
该图片不是车牌号
该图片不是车牌号
该图片不是车牌号
该图片不是车牌号
该图片不是车牌号
该图片不是车牌号
该图片是车牌号
该图片是车牌号
该图片不是车牌号

Process finished with exit code 0
```

图 3-36　任务 4 的输出结果

课后习题

一、选择填空题

1. 在命令行窗口中用（　　）命令安装百度 AI 的 Python SDK。

　A. pip install baidu-aip　　B. pip install PIL　　C. pip install pygame

2. 使用百度 AI 的 SDK 新建图像识别客户端，需要导入（　　）模块。

　A. PIL　　B. baidu-aip

　C. aip　　D. AipImageClassify

3. 下列属于图像处理模块的是（　　）。

　A. Image　　B. ImageDraw

　C. AipImageClassify　　D. pygame

4. 百度 AI 中的通用物体识别接口是＿＿＿＿＿＿＿＿＿＿＿＿＿＿＿＿。

二、简答实训题

1. 简述什么是 Python SDK。
2. 调用百度 AI，新建图像识别客户端。
3. 调用百度 AI 的图像识别接口，识别身边的车牌号。

第4章 自然语言处理与舆情分析

学习目标

随着计算机硬件及人工智能技术的飞速发展，计算机能够处理的自然语言文本数量空前暴增，语音识别、机器翻译、情感分析等领域随着自然语言处理技术的进步逐渐走进人们的视野，并对人们的生活、学习和工作产生着深远的影响。自然语言处理是人工智能中的困难问题之一，因此学习的过程将充满挑战。本章将带领读者一起学习自然语言处理，介绍自然语言处理的概念、原理及发展历程，重点掌握如何利用 Python 语言实现自然语言处理中的舆情管理。

知识目标

1）了解自然语言处理的概念。

2）了解自然语言处理的发展历程。

3）了解自然语言的含义、组成及处理的层次。

4）了解自然语言处理在生活中的应用。

技能目标

1）能够熟练掌握词法分析的原理和方法。

2）能够熟练掌握句法分析的原理和方法。

3）能够熟练使用 Python 语言实现自然语言处理中的舆情管理。

4.1 案例导入：聊天机器人

4.1.1 聊天机器人概述

聊天机器人（Chatbot）是一种用来模拟人类对话或聊天的程序。互联网时代，人人都能够通过计算机和世界各地的人互联；移动互联网时代，手机则成为每个人的标配；而 AI 时代，聊天机器人已成为了新一代交互的入口，这种交互就是自然语言交互。实现人机间自然语言通信意味着要使计算机既能理解自然语言文本的意义，又能以自然语言文本来表达给定的意图、思想等。前者称为自然语言理解，后者称为自然语言生成。以前由于技术条件不成熟，人们不得不通过键盘和鼠标与机器交互，使用机器能理解的输入方式和关键词找到自己所需的信息。如今，无论是硬件还是算法都已经有了飞跃进展，在自然语言处理、机器学习、知识图谱、大数据等技术和资源的驱动下，聊天机器人应运而生。

近年来，聊天机器人受到了学术界和工业界的广泛关注。一方面，聊天机器人是图灵测试的一种实现方式，而图灵测试是人工智能领域王冠上的明珠；另一方面，微软推出了基于情感计算的聊天机器人小冰，百度推出了用于交互式搜索的聊天机器人小度，进而推动了聊天机器人产品化的发展。聊天机器人系统可以看作是机器人产业与互联网相结合产物，符合国家的科研及产业的发展方向。

4.1.2 聊天机器人的种类

基于聊天机器人系统的应用层出不穷。从应用场景的角度来看，聊天机器人可以分为在线客服、娱乐、教育、个人助理和智能问答五个种类。

在线客服聊天机器人系统的主要功能是同用户进行基本沟通并自动回复用户有关产品或服务的问题，以实现降低企业客服运营成本、提升用户体验的目的。其应用场景通常为网站首页和手机终端。代表性的商用系统有京东的 JIMI 客服机器人。例如，用户可以通过与 JIMI 聊天，了解商品的具体信息以及反馈购物中存在的问题等。值得称赞的是，JIMI 具备一定的拒识能力，即能够知道自己不能回答用户的哪些问题以及何时应该转向人工客服。

娱乐场景下聊天机器人系统的主要功能是同用户进行开放主题的对话，从而实现对用户的精神陪伴、情感慰藉和心理疏导等。其应用场景通常为社交媒体、儿童玩具等。代表性的系统如微软的“小冰”、微信的“小微”等。微软的“小冰”和微信的“小微”除了能够与用户进行开放主题的聊天之外，还能提供特定主题的服务，如天气预报和生活常识问答等。

应用于教育场景下的聊天机器人系统根据教育的内容不同包括：构建交互式的语言使用环境，帮助用户学习某种语言；在学习某项专业技能中，指导用户逐步深入地学习并掌握该技能；在用户的特定年龄阶段，帮助用户进行某种知识的辅助学习等。其应用场景通常为具备人机交互功能的学习、培训类软件以及智能玩具等。这里以科大讯飞公司的开心熊宝（具备移动终端应用软件和实体型玩具两种形态）智能玩具为例，“开心熊宝”可以通过语音对话的形式辅助儿童学习唐诗、宋词以及回答简单的常识性问题等。

个人助理类应用主要通过语音或文字与聊天机器人系统进行交互，实现个人事务的查询及代办功能，如天气查询、空气质量查询、定位、短信收发、日程提醒、智能搜索等，从而更便捷地辅助用户的日常事务处理。其应用场景通常为便携式移动终端设备。代表性的商业系统有苹果的 Siri、谷歌的 Now、微软的 Cortana、出门问问等。其中，Siri 的出现引领了移动终端个人事务助理应用的商业化发展潮流。Siri 随着 iOS 5 一同发布，具备聊天和指令执行功能，可以视为移动终端应用的总入口，然而受到语音识别能力、系统本身自然语言理解能力的不足以及用户使用语音和 UI 操作两种形式进行人机交互时的习惯差异等限制，Siri 没能真正担负起个人事务助理的重任。

智能问答类聊天机器人的主要功能包括回答用户以自然语言形式提出的事实型问题和需要计算和逻辑推理型的问题，以达到直接满足用户的信息需求及辅助用户进行决策的目的。其应用场景通常是作为问答服务整合到聊天机器人系统中。典型的智能问答系统除了 IBM Watson 之外，还有 Wolfram Alpha 和 Magi。后面两个都是基于结构化知识库的问答系统，且分别仅支持英文和中文的问答。

4.1.3 聊天机器人系统的组成

聊天机器人的系统框架如图 4–1 所示，包含五个主要功能模块。语音识别模块负责接收用户的语音输入并将其转换成文字形式交由自然语言理解模块进行处理；自然语言理解模块在理解了用户输入的语义之后将特定的语义表达式输入到对话管理模块中；对话管理模块负责协调各个模块的调用及维护当前对话状态，选择特定的回复方式并交由自然语言生成模块进行处理；自然语言生成模块生成回复文本输入给语音合成模块；语音合成模块将文字转换成语音输出给用户。

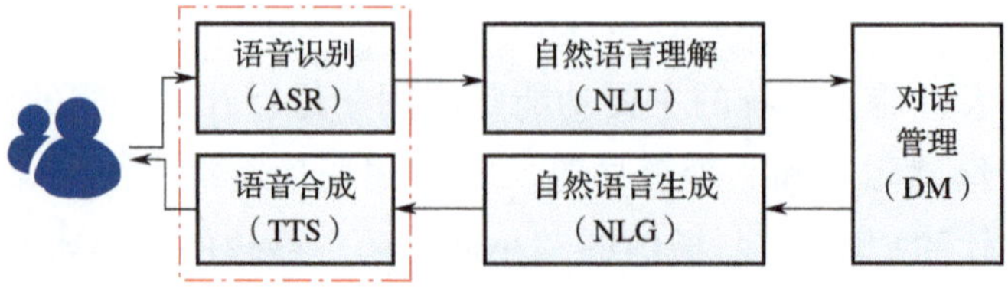

图 4–1　聊天机器人系统框架

4.2 自然语言处理简介

4.2.1 自然语言处理的概念

自然语言处理（Natural Language Processing，NLP）是计算机科学领域与人工智能领域中的一个重要方向，它是以语言为对象，利用计算机技术来分析、理解和处理自然语言的一门学科，即把计算机作为语言研究的强大工具，在计算机的支持下对语言信息进行定量化的研究，并提供可供人与计算机之间能共同使用的语言描写。自然语言处理包括自然语言理解（Natural Language Understanding，NLU）和自然语言生成（Natural Language Generation，NLG）两部分。它是典型的边缘交叉学科，涉及语言科学、计算机科学、数学、认知学、逻辑学等，关注计算机和人类(自然)语言之间的相互作用的领域。

4.2.2 自然语言处理的发展历程

第一个阶段是萌芽期，时间可以追溯到 1956 年以前，该阶段可以被看作是自然语言处理的基础研究阶段。一方面，人类文明经过了几千年的发展，积累了大量的数学、语言学和物理学知识。这些知识不仅是计算机诞生的必要条件，同时也是自然语言处理的理论基础。另一方面，阿兰·图灵在 1936 年首次提出了“图灵机”的概念。“图灵机”作为计算机的理论基础，促使了 1946 年第一台电子计算机的诞生。而电子计算机的诞生又为机器翻译和随后的自然语言处理提供了物质基础。

由于来自机器翻译的社会需求，这一时期也进行了许多自然语言处理的基础研究。1948 年，香农（Shannon）把离散马尔可夫过程的概率模型应用于描述语言的自动机。接着，他又把热力学中“熵”(Entropy) 的概念引入语言处理的概率算法中。20 世纪 50 年代初，克林（Kleene）研究了有限自动机和正则表达式。1956 年，诺姆，乔姆斯基（Chomsky）又提出了上下文无关语法，并把它运用到自然语言处理中。他们的工作直接引起了基于规则和基于概率这两种不同的自然语言处理技术的产生。而这两种不同的自然语言处理方法，又引发了数十年有关基于规则方法和基于概率方法孰优孰劣的争执。另外，这一时期还取得了一些令人瞩目的研究成果。比如，1946 年，Köenig 进行了关于声谱的研究；1952 年，Bell 实验室语音识别系统的研究；1956 年，人工智能的诞生为自然语言处理翻开了新的篇章。这些研究成果在后来的数十年中逐步与自然语言处理中的其他技术相结合。这种结合既丰富了自然语言处理的技术手段，同时也拓宽了自然语言处理的社会应用面。

第二个阶段是快速发展阶段，时间为 1957 年—1970 年。自然语言处理在这一时期很快融入了人工智能的研究领域中。由于有基于规则和基于概率这两种不同方法的存在，自然语言处理的研究在这一时期分为了两大阵营：一个是基于规则方法的符号派 (Symbolic)；另一个是采用概率方法的随机派 (Stochastic)。这一阶段两种方法的研究都取得了长足的发展。从 20 世纪 50 年代中期开始到 60 年代中期，以乔姆斯基为代表的符号派学者开始了形式语言理论和生成句法的研究，20 世纪 60 年代末又进行了形式逻辑系统的研究。而随机派学者采用基于贝叶斯方法的统计学研究方法，在这一时期也取得了很大的进步。但由于在人工智能领域中，这一时期多数学者注重研究推理和逻辑问题，只有少数来自统计学专业和电子专业的学者在研究基于概率的统计方法和神经网络，所以，在这一时期中，基于规则方法的研究势头明显强于基于概率方法的研究势头。该阶段的重要研究成果包括 1959 年宾夕法尼亚大学研制成功的 TDAP 系统、布朗美国英语语料库的建立等。1967 年，美国心理学家 Neisser 提出认知心理学的概念，直接把自然语言处理与人类的认知联系起来了。

第三个阶段是低速的发展期，时间是 1971 年—1993 年。随着研究的深入，由于人们看到基于自然语言处理的应用并不能在短时间内得到实现，而一连串的新问题又不断地涌现，于是，许多人对自然语言处理的研究丧失了信心。从 20 世纪 70 年代开始，自然语言处理的研究进入了低谷时期。尽管如此，一些研究人员依旧继续着他们的研究。由于他们的出色工作，自然语言处理在这一低谷时期同样取得了一些成果。20 世纪 70 年代，基于隐马尔可夫模型（Hidden Markov Model，HMM）的统计方法在语音识别领域获得成功；20 世纪 80 年代初，话语分析（Discourse Analysis）也取得了重大进展；之后，自然语言处理研究者对于过去的研究进行了反思，有限状态模型和经验主义研究方法也开始复苏。

第四个阶段称为复苏融合期，时间为 1994 年至今。20 世纪 90 年代中期以后，有两件事从根本上促进了自然语言处理研究的复苏与发展：一件事是自 20 世纪 90 年代中期以来，计算机的计算速度和存储量大幅增加，为自然语言处理改善了物质基础，使得语音和语言处理的商品化开发成为可能；另一件事是 1994 年 Internet 商业化和同期网络技术的发展使得基于自然语言的信息检索和信息抽取的需求变得更加突出。进入 21 世纪，自然语言处理的重要研究成果包括神经语言模型（2001 年）、多任务学习（2008 年）、Word 嵌入（2013 年）、自然语言处理的神经网络（2013 年）、序列到序列模型（2014 年）、注意力机制（2015 年）、基于记忆的神经网络（2015 年）、预训练语言模型（2018 年）。

4.2.3 自然语言的含义及组成

1. 自然语言的含义

自然语言简称为语言，通常是指一种自然地随文化演化的语言。它是人们交际的符号和规则的系统。其中，符号是指语言中的词汇，无论声音语言还是书面语言，词汇都是符号；规则是指由词汇组成句子的规定。语言的主要作用是作为交际工具，人们利用它来标志事物、进行沟通，以达到互相理解的目的。语言的种类有很多，如汉语、英语、日语、法语等。语言的作用只有被表达后才能显示出来，例如听、说、读、写等。因此，语言的基本形式主要有两种，分别是口语表达出来的声音语言和文字书写出来的书面语言。

2. 自然语言的研究领域

目前，对自然语言研究的学科主要包括语言学、哲学、心理学、生理学和智能科学等。其中，语言学研究自然语言的结构规律，如语言声音的“语音学”、语言音位组合的“音位学”、语言意义的“语义学”、语言使用的“语用学”等；哲学研究自然语言的符号功能和意义；心理学研究自然语言的习得和使用；生理学研究自然语言的脑机制，也就是人类对语言的感知、理解、加工和生成过程的生物机理；智能科学研究自然语言的机器理解、生成、翻译理论与方法，如“机器翻译”等。

3. 自然语言的组成

自然语言是音义结合的词汇和语法体系。词汇是语言的基本单位，它在语法的支配下可以构成有意义和可理解的句子，句子再按照一定的形式构成文章。从结构来看，词汇可以分为词和熟语。熟语是指词的固定组合，如汉语中的成语。词汇由词素组成，如“老师”是由“老”和“师”这两个词素构成。词素是构成词的最小有意义单位。例如，“老”这个词素有对某些方面富有经验的含义，“师”这个词素有传授知识、技术的含义。

语法是语言的组织规律。语法规则决定了词素通过什么方式构成词汇，词汇通过什么方式构成词组和句子。自然语言正是在这种严格的制约关系中构成的。用词素构成词汇的规则称为构词规则，如“老”+“师”构成“老师”。一个词汇又有不同的词形、单数、复数等，这种构造词形的规则称为构形法，如“老师”+“们”构成“老师们”。此处只是在原词的后方添加了一个具有复数意义的词素，所构成的并不是一个新的词汇，而是同一个词汇的复数形式。构词法是由词素构成词的方式。以汉语为例，汉语构词法主要有两种：一种是词根加词根，如“群”和“众”合成“群众”；另一种是词根加词缀，如“杯”加“子”成为“杯子”。

语法的另一部分是句法。句法可以分为词组构造法和造句法两部分。词组构造法是把词搭配成词组的规则，例如，把“新”+“老师”构成“新老师”。此处“新”是一个修饰“老师”的形容词，它们组合构成了一个新的名词。造句法是用词和词组构造句子的规则，如“我们的祖国繁荣昌盛”就是按照汉语中的造句法构成的句子。自然语言的组成可用图 4-2 表示。

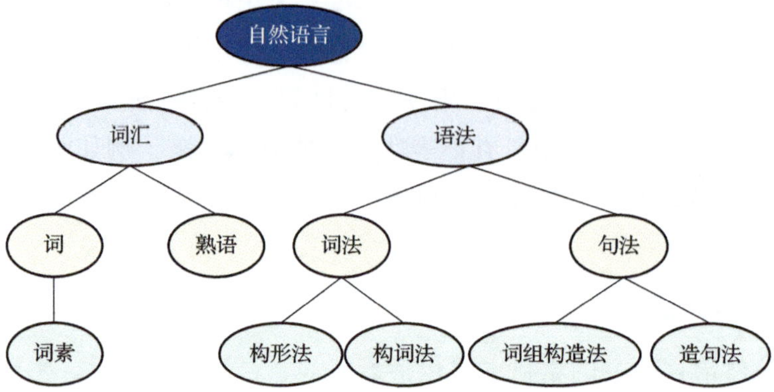

图 4-2　自然语言的组成示意图

4.2.4　自然语言处理的层次

自然语言的表现形式虽然是一连串的文字符号，但其形式却是一种层次化的结构。一个用文字表达的句子是由词素→词或词形→词组和句子组成的，其中每个层次都受到语法规则的制约。因此，自然语言的分析和理解也是一个层次化的过程，一般划分为五个层次：语音分析、词法分析、句法分析、语义分析和语用分析。

1. 语音分析

语音分析是指通过语音识别等核心技术将非结构化的语音信息转换为结构化的索引，实现对海量录音文件、音频文件的知识挖掘和快速检索。在有声语言中，最小的独立声音单位是音位。语音分析师根据音位规则从语音流中区分出一个个独立的音位，再根据音位形态规则找出音节及其对应的词素或词。语音分析常被用于语音编码压缩，形成各种中速、低速编码的新方案。例如，子带编码、交换编码、自适应预测编码、多脉冲激励线性预测编码、码激励线性预测编码等。人们日常生活中常用的语音识别也是基于语音分析的结果，进行参数的分类与识别，运用不同的参数，可以得到不同的识别结果。利用语音分析技术还可以设计制造用于发音的各种矫正仪器，可供发音器官疾病的治疗或聋哑人发音训练等使用。

2. 词法分析

词法分析的主要任务是找出词汇的各个词素，从中获取语言信息。在英语等语言中，由于词与词之间是用空格分隔的，所以找出句子中的词汇非常容易。但若要找出各个词素较为复杂，如单词 importable，它可以是 im-port-able，也可以是 import-able。这是由于 im、port、import 都是词素。而在汉语中找出词素较为容易，因为汉语中每个字都是一个词素。与英语相反，在汉语中切分各个词汇较为困难。例如“我们研究所有计算机”，在切分词汇时可以是“我们 - 研究所 - 有 - 计算机”，也可以是“我们 - 研究 - 所有 - 计算机”。

通过词法分析可以从词素中获得很多语言学信息。例如，英语中词尾的词素“s”通常表示名词复数或动词第三人称单数，“ed”通常是动词的过去时或过去分词，“ly”是副词的后缀等。与此同时，一个词还可以变化出许多别的词，如 work，可以变化出 works、worked、working、worker 等。这些信息对于词法分析非常重要。

3. 句法分析

（1）句子结构的表示

一个句子是由一些作用不同的部分组合成的，这些部分称为句子成分。句子成分可以是单词，也可以是词组或从句。在句子中，起主要作用的句子成分有主语、谓语，起次要作用的有宾语、宾语补语、定语、状语、表语等。在自然语言处理中，一个句子及其句子成分可以用一棵树表示。例如“He wrote a book”可用图 4-3 所示的树形结构表示。

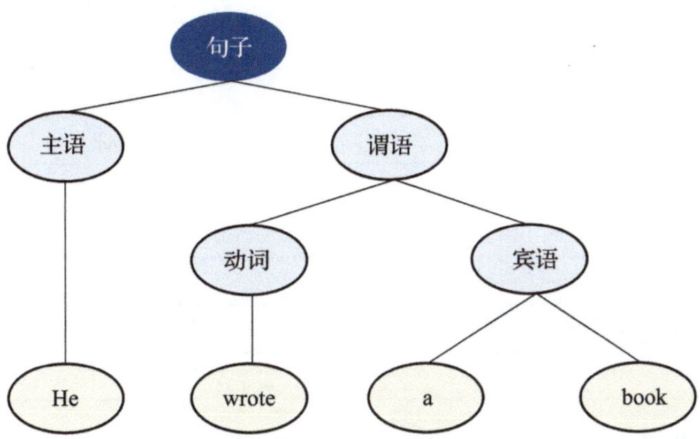

图 4-3　句子的树形结构

一个句子又是由若干个词类构成，如名词、动词、代词、形容词等。在上例中，“He”是人称代词，“wrote”是动词，“a”是冠词，“book”是名词。这些词在句子中分别担任了不同的句子成分，从而构成了一个完整的句子。如果从句子的词类角度考虑，一个句子也可以用一棵树表示，这种树称为句子的分析树。分析树是一种常用的句子结构表示方法。上例的分析树可以用图 4-4 表示。

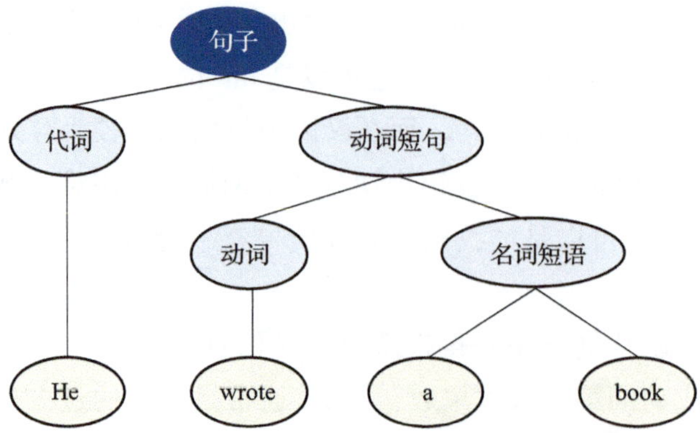

图 4-4　句子的分析树

（2）上下文无关文法

上下文无关文法是乔姆斯基提出的一种能够对自然语言语法知识进行形式化描述的方法。在这种文法中，语法知识用重写规则表示。为方便举例，给出小的英语子集“The teacher wrote book trains Mike.”，该英语子集的上下文无关文法见表 4-1。

表 4-1　上下文无关文法表

语句	→	句子　终标符
句子	→	名词短语 1　动词短语
动词短语	→	动词　名词短语 2
名词短语 1	→	冠词　名词
名词短语 2	→	专有名词
冠词	→	The
名词	→	teacher
动词	→	wrote
名词	→	book
动词	→	trains
专用名词	→	Mike
终结符	→	.

在表 4-1 中，作为终结符的有“The”“teacher”“wrote”“book”“trains”“Mike”及终结符“.”，其余均为非终结符，并且在所有非终结符中，“语句”是一个特殊的非终结符，称为起始符。上下文无关文法中，重写规则的左边均为孤立的非终结符，无论左边出现什么样的上下文，它们可以被右边的符号串代替，故而称为上下文无关文法。每个上下文无关文法都定义了一种语言，这种语言中的所有语句均可以从该法的起始符开始，经过有限次使用重写规则而得到。例如，使用上述上下文无关文法，可以得到语句“The teacher trains Mike.”的文法分析树，如图 4-5 所示。

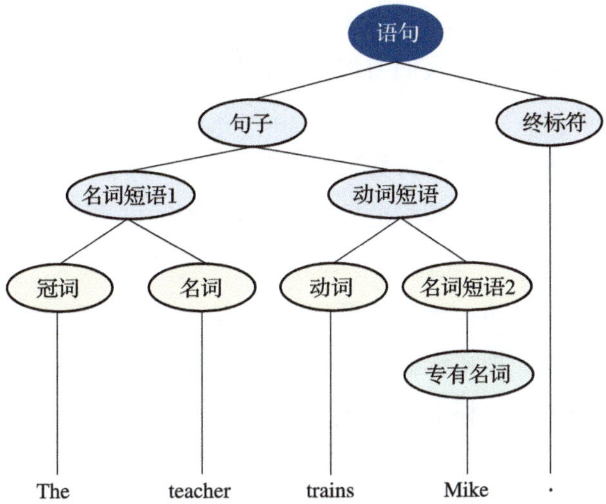

图 4-5　文法分析树示意图

上下文无关文法反映了自然语言结构的层次性，用它对自然语言的语法进行形式化描述便于计算机实现，是一种方便的语法规则表示方法。

（3）变换文法

用上下文无关文法描述自然语言比较方便，但也存在一定的局限性。例如，对谓语动词和主语的一致性，以及对主动语句和被动语句不同结构形式的转换等，上下文无关文法都遇到了许多困难。其主要原因是，上下文无关文法反映的仅是一个句子本身的层次结构和生成过程，它不可能与另外的句子发生关系。而自然语言是上下文有关的，句子之间的关系是客观存在的。为了解决这一类问题，乔姆斯基提出了变换文法。变换文法认为，英语句子的结构有深层和表层两个层次。例如，句子 She read me a story 和 She read a story to me 的表层结构不一样，但它们指的却是同一回事，即这两个句子的深层结构是一样的。再如，主动句和被动句也只是表层结构不同，其深层结构则是相同的。

在变换文法中，句子深层结构和表层结构之间的变换是通过变换规则实现的，变换规则把句子从一种结构变换为另一种结构。将主动句变为被动句的变化规则如图 4-6 所示。

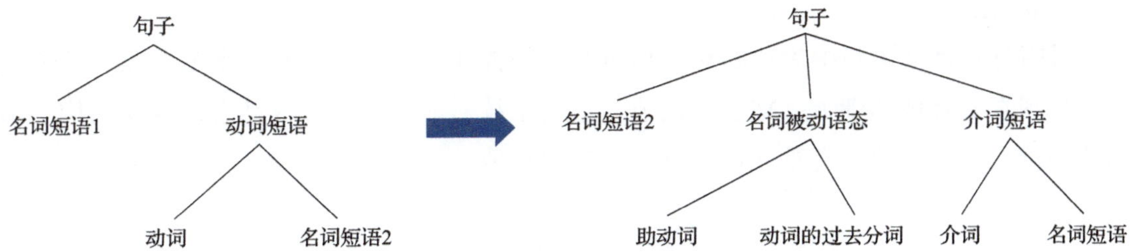

图 4-6　主动句变被动句示意图

变换文法的工作过程是先用上下文无关文法建立相应句子的深层结构，然后再应用变换规则将深层结构变换为符合人们习惯的表层结构。

（4）自顶向下分析法

自顶向下分析法是指从起始符开始应用文法规则，一层一层地向下产生分析树的各个分支，直至生成与输入语句相匹配的完整句子结构为止。

（5）自底向上分析法

自底向上分析法是指以输入语句的单词为基础，首先按重写规则的箭头指向，反方向使用最具体的重写规则，把单词归并成较大的结构成分，如短语等，对这些成分继续逆向使用规则，直到分析树的根节点为止。

4. 语义分析

语义分析是指通过对句子的分析得到它所表达的实际含义。虽然自然语言中句子是由词汇组成的，且句子的意义也与词汇直接相关，但句子的意义不仅仅是词义的简单叠加。如表 4–2 所示，关于“打”有多种用法和含义。

表 4–2　关于“打”的不同含义举例

1	他打鼓很在行。	9	她会用毛线打毛衣。
2	他会打家具。	10	他用尺子打格。
3	他把碗打碎了。	11	他打开了盖子。
4	他在学校打架了。	12	他打着伞走了。
5	他很会与人打交道。	13	他打来了电话。
6	他用土打了一堵墙。	14	他打了两瓶水。
7	他用面打浆糊贴对联。	15	他想打车回家。
8	他打铺盖卷儿走人了。	16	他以打渔为生。

由表 4–2 可见，自然语言中一个词具有多种含义的现象非常普遍。如何自动获悉某个词的多种含义，或者已知某个词有多种含义，如何根据上下文确认其含义，是语义分析中的重要内容。

5. 语用分析

语用分析是把语句中表述的对象和对对象的描述，与现实的真实事物及其属性相关联，找到真实具体的细节，把这些细节与语句系统对应起来，形成动态的表意结构。语用分析对人工智能技术有重大理论意义和实用价值。

4.3 自然语言处理的应用场景

4.3.1 机器翻译

在人们的日常工作学习中，经常会翻阅一些外文文献，由于语言上的差异，在阅读外文时会比较吃力，而机器翻译帮助人们解决了这个问题。机器翻译是利用计算机将一种自然语言（又称源语言，Source Language，SL）转换为另一种自然语言（又称目标语言，Target Language，TL）的过程。它不仅仅局限于语言翻译，还包括外国人名音译 / 反音译、文字转语音、电话转译 / 自动口译、同音字自动辨识选取、自动作曲 / 作词 / 伴奏 / 和弦、多媒体情境呈现、剧本转动画、中文对联自动产生等。机器翻译可以追溯到 20 世纪三四十年代，但由于 30 年代技术水平还很低，用于翻译的机器没能制成。随着第一台现代电子计算机 ENIAC 的诞生，信息论先驱 W. Weaver 于 1949 年发表《翻译备忘录》，正式提出了机器翻译的思想。到 20 世纪末，机器翻译走过了开创期、受挫期、恢复期的曲折道路。21 世纪以来，随着互联网的普及，数据量激增，统计方法得到充分应用。互联网公司纷纷成立机器翻译研究组，研发了基于互联网大数据的机器翻译系统，从而使机器翻译真正走向实用。例如“百度翻译”和“谷歌翻译”等。我国取得了前所未有的成就，相继推出了一系列机器翻译软件，例如“译星”“雅信”“通译”等。在市场需求的推动下，商用机器翻译系统迈入了实用化阶段，来到了用户面前。随着自然语言处理的进展，机器翻译技术得到了进一步的发展，促进了翻译质量的快速提升，在口语等领域的翻译更加地道流畅。随着经济全球化及互联网的飞速发展，机器翻译在促进政治、经济、文化交流等方面起到了越来越重要的作用。

4.3.2 语音识别

近年来，语音识别技术日趋成熟，并已经进入工业、家电、通信、汽车电子、医疗、家庭服务、消费电子产品等各个领域。如在日常开车过程中，不方便用键盘拨号时，驾驶员可以通过车载的语音识别系统对手机通讯录中的联系人发送通话请求，保证安全的同时满足了实时通话的需求。语音识别是一门多领域交叉学科，涉及信号处理、模式识别、概率论和信息论、发声机理和听觉机理、人工智能等。1952 年，贝尔实验室的 Davis 等人成功开发出了世界上第一个能识别 10 个英文数字发音的实验系统，自此开启了语音识别的发展历程。我国的语音识别研究起始于 1958 年，中国科学院声学所利用电子管电路识别出了 10 个元音。由于当时条件的限制，语音识别研究工作一直处于缓慢发展的阶段。进入 20 世纪 80 年代以后，随着计算机应用技术在我国逐渐普及以及数字信号技术的进一步发展，国内许多单位具备了研究语音技术的基本条件。1986 年 3 月，国家高科技研究发展计划（863 计划）启动，语音识别作为智能计算机系统研究的一个重要组成部分而被专门列为研究课题。在 863 计划的支持下，我国开始了有组织的语音识别技术的研究，从此我国的语音识别技术进入了一个前所未有的发展阶段。近几年来，将人工智能领域深度学习研究引入语音识别声学模型训练，使用带 RBM 预训练的多层神经网络极大地提高了声学模型的准确率，使用深层神经网络模型（DNN），语音识别错误率降低了 30%。科大讯飞、云知声、盛大、捷通华声、搜狗语音助手、紫冬口译、百度语音等系统都采用了最新的语音识别技术，市面上其他相关产品也直接或间接嵌入了类似技术。随着互联网的快速发展以及手机等移动终端的普及应用，目前可以从多个渠道获取大量文本或语音方面的语料，这为语音识别中的语言模型和声学模型的训练提供了丰富的资源，使得构建通用大规模语言模型和声学模型成为可能。

在语音识别中，训练数据的匹配和丰富性是推动系统性能提升的最重要因素之一，但是语料的标注和分析需要长期的积累和沉淀，随着大数据时代的来临，大规模语料资源的积累将提到战略高度。

4.3.3 情感分析

情感分析，又称意见挖掘、倾向性分析，是对带有情感色彩的主观性文本进行分析、处理、归纳和推理的过程，挖掘人们的观点和情绪，评估对诸如产品、服务、组织等实体的态度。这些评论信息表达了人们的各种情感色彩和情感倾向性，如喜、怒、哀、乐、批评、赞扬等，用户可以通过浏览这些主观色彩的评论来了解大众舆论对于某一事件或产品的看法。例如，一个人想购买某款产品，他可以不再局限于征求自己朋友或家人的意见，因为互联网中（如论坛）有很多用户的评论和对产品的讨论，可以在评论中找到问题的答案，甚至可能还会有令人意想不到的收获。2000 年以来，情感分析已经成长为自然语言处理中最活跃的研究领域之一，它的快速发展得益于网络社交媒体的崛起，如淘宝的产品评论、微博、微信、论坛等。目前，情感分析在数据挖掘、Web 挖掘、文本挖掘和信息检索方面得到广泛的研究，已经从计算机科学延伸到管理科学和社会科学，如市场营销、金融、政治、通信、医疗，甚至历史。例如，政府部门可以通过情感分析监控舆情趋势，对虚假消息及时辟谣，避免恶性事件发生，维护社会稳定。

4.4 项目实践：某商品评论舆情分析

舆情是“舆论情况”的简称，是指在一定的社会空间内，围绕中介性社会事件的发生、发展和变化，作为主体的民众对作为客体的社会管理者、企业、个人及其他各类组织及其政治、社会、道德等方面的取向产生和持有的社会态度。它是较多群众关于社会中各种现象、问题所表达的信念、态度、意见和情绪等表现的总和。随着互联网的发展，舆情从日常的街头巷尾转向网络，以网络为载体，以事件为核心，表达广大网民的情感、态度、意见、观点，能够传播与互动，并具有后续影响力。它带有广大网民的主观性，未经媒体验证和包装，直接通过多种形式发布于互联网上。

本节将使用 Python 语言调用自然语言处理接口，实现对某电商平台卖家出售的某品牌空调售后评论进行舆情分析。通过本节的项目实践，将了解什么是舆情、舆情分析对商品的重要性，以及如何对已有的评论进行舆情分析，并在时间轴上进行可视化呈现。

4.4.1 提出问题

随着互联网的兴起，电子商务发展迅速，人们购买商品时的第一反应不再是出门寻找实体店，而是拿出手机，打开电商 App，在电商平台中进行选购。目前的电商平台都有商品评价功能，顾客在购买店家的某件商品后，可以根据收到的商品的实际情况，根据个人的满意程度对商品进行主观评价，形式包括文字、图片和短视频。对于每一名消费者而言，在购买前，无论消费者是否熟悉该商品，都会第一时间查看商品的评论，尤其是评价较为详细的评论，以此为依据，决定是否在该店铺购买该商品。而对于店家而言，需要重点关注评论中的中、差评，对消费者反映的问题及时反馈，并进行改进，以免出现更多的差评，及时止损。因此，商品评论的舆情分析成为每名电商平台卖家的必修课程。

4.4.2 分析问题

对商品评论的舆情分析将围绕以下几个问题进行解决：

1）数据（包括评论及日期）的读取及格式化。

2）对商品评论进行情感分析，并量化为具体分值。

3）根据时间序列进行可视化呈现。

4）对结果进行舆情分析。

4.4.3 相关知识

1. xlrd 库

xlrd 库是一个很常用的读取 Excel 文件的库，其对 Excel 文件的读取可以实现比较精细的控制。在本项目实践中将使用 xlrd 库对 Excel 表中的评论和日期进行读取。

2. SnowNLP 库

SnowNLP 是一个 Python 写的类库，可以方便地处理中文文本内容。现在大部分的自然语言处理类库都是针对英文的。在 TextBlob 的启发下，SnowNLP 被开发为一个方便处理中文的类库。与 TextBlob 不同的是，SnowNLP 没有使用 NLTK，所有的算法均由自己实现，并且自带了一些训练好的字典。在本项目实践中将使用 SnowNLP 类库实现对每条商品评论的打分，以便于进行下一步舆情分析。

3. datatime 库

Python 提供一个处理时间的标准函数库 datetime，它提供了一系列由简单到复杂的时间处理方法。在本项目实践中将使用 datatime 类库对 Excel 表中的日期数据进行格式化处理，避免 Excel 表中日期数据读取异常。

4. matplotlib 库

matplotlib 是 Python 的一个 2D 绘图库，它以各种文件格式和跨平台的交互式环境生成出版质量级别的图形。本项目实践中将使用 matplotlib 类库实现舆情的时间序列可视化。

4.4.4　解决问题

1. 任务 1：获取数据

（1）任务分析

本任务中的数据来自某电商平台空调专卖店铺用户售后评论区，使用爬虫技术将 6、7 月的评论区文字内容及评论日期进行抓取，并保存为 Excel 文件。

（2）任务实施

爬虫的实现主要分为四个部分，分别为 settings.py、pipelines.py、virues.py 及 items.py。

settings.py 主要负责爬虫运行过程中的参数设置，具体实现代码如下。

```
BOT_NAME = 'virus'
SPIDER_MODULES =[ 'virus.spiders ' ]
NEWSPIDER_MODULE = 'virus.spiders '
# 伪装访问
USER_AGENT = 'Mozilla/5.0 (Windows NT 10.0; Win64; x64)AppleWebKit/537.36 (KHTML, like Gecko) Chrome/94.0.4606.71 Safari/537.36 Edg/94.0.992.38'
# 不遵守 python 管理协议
ROBOTSTXT_OBEY = False
# 设置 spider 中间件
```

```
SPIDER_MIDDLEWARES = {
    'virus.middlewares.VirusSpiderMiddleware': 543,
}
# 设置 pipelines 的执行顺序，数值越小优先级越大
ITEM_PIPELINES = {
    'virus.pipelines.VirusPipeline': 300,
}
```

pipelines.py 负责爬虫抓取数据的处理，包括数据的存储等。本实例中，pipelines.py 将抓取的数据存入文件中，具体实现代码如下。

```
import json
from itemadapter import ItemAdapter

class VirusPipeline:
    def process_item(self, item, spider):
    # 使用 with open 设置和创建存储文档，文档格式为 json
        with open("scrapyContent.json","a+",encoding="UTF-8") as f:
            # 使用 json 的内置方法将传入的格式化项目加入字典
            line = json.dumps(dict(item), ensure_ascii=False)+ '\n, '
            # 将修改好的文档写入
            f.write(line)
            # 关闭文件
            f.close()
        return item
```

virues.py 负责将页面进行解析及抓取内容的格式化。具体实现代码如下。

```
import scrapy
from virus.items import VirusItem

class ViruesSpider(scrapy.Spider):
    name = 'virues'
    #start_urls 为起始链接，根据具体商品替换 link
    start_urls = ['link']

    def parse(self] response):
        # 使用 xpath 进行网页解析判断是否有下一页
        if len(response.xpath('//td[@align="center"]/a[text()="下一页"]
        /@href'))>0:
            # 提取出下一页后进行拼接以完整体现链接
            next_page_url = response.xpath('//td[@align="center"]/
                                    a[text()="下一页"]/@href').extract()[0]
```

```
            next_page = "http://dept.lnmec.net.cn" + next_page_url
            # 使用 scrapy 内置方法 Request 对翻页链接进行请求，而后使用 callback
            # 指向函数完成如同递归的方法
            # 注意：yield 与 return 相似但不相同
            yield scrapy.Request(next_page, callback=self.parse)
            # 提取出每一个页面的链接备用
            page_url = response.xpath('//li/div[@class="main_conC"]//
            a/@href').extract()

            for i in page_url:
                # 将提取出的链接再次进行拼接以保证链接的完整性
                integrity_page_url = "link" + i
            # 再次使用 scrapy 的内置方法发出请求进入每个链接并使用 callback 连接
            # 新的函数 link 以便进行每个连接内部的分析提取
            yield scrapy.Request(integrity_page_url, callback=self.link)

    def link(self,response):
        # 调用 item 文件
        item = VirusItem()
        # 将所需要的时间传入 item 项目文件进行格式化
        item["time"] =
            response.xpath('/html/body/div[4]/form/div/div[1]/p/
            text()').extract()[0]
        # 将所需要的内容传入 item 项目文件进行格式化
        con = response.xpath('//*[@id="vsb_content"]/div/p/span/span/
            text()').extract()

        for co in con:
            # 此处使用内容进行简单数据处理
            item["content"] = co
        yield item
```

items.py 负责将内容进行分类，具体实现代码如下。

```
import scrapy
class VirusItem(scrapy.Item):
    # 分类：时间
    time = scrapy.Field()
    # 分类：内容
    content = scrapy.Field()
pass
```

获取的数据如图 4-7 所示。

	A	B	C
1	1	comments	date
2	2	外观设计漂亮，尺寸大小合适，包装仔细完整，宝贝手感不错，感觉很好，发货速度快，服务态度一流，	2021-06-10
3	3	开始用起来了，这个大热天，非常凉快舒服，声音也小，没什么噪声，造型设计也很大气美观，爱了爱	2021-06-11
4	4	空调收到，已安装，空调好看，大方，显得很干净，颜色漂亮，空调没噪音，很好，喜欢，安装师傅很	2021-06-12
5	5	色彩淡雅，制冷迅速，很安静！送货一个师傅、安装一个师傅，都特别专业，有条不紊。送货小板车带	2021-06-13
6	6	空调收到了，外观大气，上档次，制冷速度很快，打开不一会就凉快了，静音，几乎听不到声音，安装	2021-06-14
7	7	新房空调终于下手了，看了好久，从直播间也了解过几次，咨询客服人员也很有耐心讲解。空调外观时	2021-06-15
8	8	近来天气较热，单位同事说周日到我家聚餐，有两桌子的人，突然想起来是不是把大厅空调装了，618	2021-06-16
9	9	国内空调的行业龙头，质量信得过，赶上618活动有补贴比平时便宜不少，大大提升了性价比，这款空	2021-06-17
10	10	空调外观时尚大气美观。开机运行后几乎没有声音，非常安静。一级变频比较节能。安装送货迅速及时，	2021-06-18
11	11	商品缺少部件，不能使用	2021-06-19
12	12	空调收到了，质量很好，外观很漂亮，制冷效果很好，包装非常结实，东西保护得很好，值得好评?值得	2021-06-20
13	13	外机有磕碰：哎，真伤心啊	2021-06-21
14	14	货收到了，看起来相当简洁，比之前的占位置小多了，美观大方，效果非常好，有任何问题客服都跟进	2021-06-22
15	15	外观材质漂亮，大气，设计模型制作工艺都是一流的，静音，效果相当不错，基本上听不到声音，3匹	2021-06-23
16	16	安装师傅电话一直关机，非常差的体验。空调成了摆设，和卖家说的严重不符，没有安装人员售后。	2021-06-24
17	17	安装不及时，又没有回复，工作人员各种理由推脱。	2021-06-25

图 4-7　电商平台某品牌空调用户评论数据

2. 任务 2：创建评论列表

（1）任务分析

创建获取评论数据函数 get_comment_list，参数为待获取数据文件路径，函数返回值为获取的评论列表。

（2）任务实施

第一步，导入用于读取 Excel 表的 xlrd 类库。此处需要注意的是，在安装 xlrd 类库时一定要注意版本问题，尽可能安装 1.1.0 或 1.2.0 版本。虽然 xlrd 已经更新至 2.1.0，但由于不兼容问题，程序会发生报错，无法读取 Excel 数据。

第二步，获取数据量，即 Excel 表中有多少行数据。调用 xlrd 类库中的 open_workbook 方法打开 Excel 表，此处注意文件路径不得有误。调用 sheet_by_index 方法获取 sheet1 数据对象，通过“.”符号得到 nrows 属性值即为 Excel 表中 Sheet1 的数据行数。

第三步，获取数据。使用 for 循环，根据第二步得到的数据行数限定循环边界，通过“.”符号获取每行数据 row_values，数据形式为列表。通过观察图 4-7 可知，评论内容位于每行数据的第二列，利用“[]”获得第二列评论数据，存至评论列表 commentList 并返回。

具体实现代码如下。

```
import xlrd
def get_comment_list(filePath):
    commentsList = []
    workBook = xlrd.open_workbook(filePath)
    sheet1_content1 = workBook.sheet_by_index(0)
```

```
    commentRows = sheet1_content1.nrows
    for i in range(1,commentRows):
        comment = sheet1_content1.row_values(i)[1]
        commentsList.append(comment)
    return commentsList
```

3. 任务 3：日期格式化

（1）任务分析

使用 xlrd 类库读取 Excel 表中的日期时会出现日期转为浮点数的情况。例如，Excel 表中的“2021-06-12”读取为浮点数“44369.0”。为解决该问题，要导入 datetime 类库和 xlrd 中的 xldate_as_tuple 模块。

（2）任务实施

在获取 Excel 表中的日期后，调用 xldate_as_tuple 对日期进行格式转换，日期转换完毕将其存入日期列表 dateList 并返回。具体实现代码如下。

```
from datetime import datetime
from xlrd import xldate_as_tuple
def get_date_list(filePath):
    dateList = []
    workBook = xlrd.open_workbook(filePath)
    sheet1_content1 = workBook.sheet_by_index(0)
    commentRows = sheet1_content1.nrows
    for i in range(1,commentRows):
        date = datetime(*xldate_as_tuple(sheet1_content1.row_values(i)[2],
                   0)).strftime( '%Y-%m-%d ')
        dateList.append(date)
    return dateList
```

4. 任务 4：情感分析

（1）任务分析

本任务将调用 SnowNLP 类库完成每条商品评论的情感分析。

（2）任务实施

导入 SnowNLP 类库，调用 SnowNLP 函数得到 SnowNLP 对象，使用“.”符号获取情感分析结果 sentiments，将其保存至列表 sentiment_list 并返回。

具体实现代码如下。

```
from snownlp import SnowNLP
def get_sentiment_list(filePath):
```

```
    sentiment_list = []
    slist = get_comment_list(filePath)
    for i in range(0, len(slist)):
        score = SnowNLP(slist[i]).sentiments
        sentiment_list.append(score)
    return sentiment_list
```

5. 任务 5：时间序列可视化

（1）任务分析

本任务将调用 matplotlib.pyplot 类库完成用户评论舆情时间序列可视化。采用时间序列可视化显示评论列表的好处在于，可以直观地看到某一时间段内消费者对产品的态度。

（2）任务实施

首先，导入数据可视化类库 matplotlib.pyplot，调用 get_date_list 和 get_sentiment_list 方法获取商品评论日期列表和对每条评论的得分列表。然后，调用 plot() 函数生成可视化折线图。此处需要注意的是，plot() 函数中第一个参数为横坐标，第二个参数为纵坐标，使用时要注意顺序。最后，调用 show() 函数将时间序列折线图展示出来。

具体实现代码如下。

```
import matplotlib.pyplot as plt
if __name__ == "__main__":
    x_data = get_date_list("comments.xlsx")
    y_data = get_sentiment_list("comments.xlsx")
    plt.plot(x_data, y_data)
    plt.show()
```

为了便于显示，在示例中只挑选 6 条数据进行时间序列展示，如图 4-8 所示。

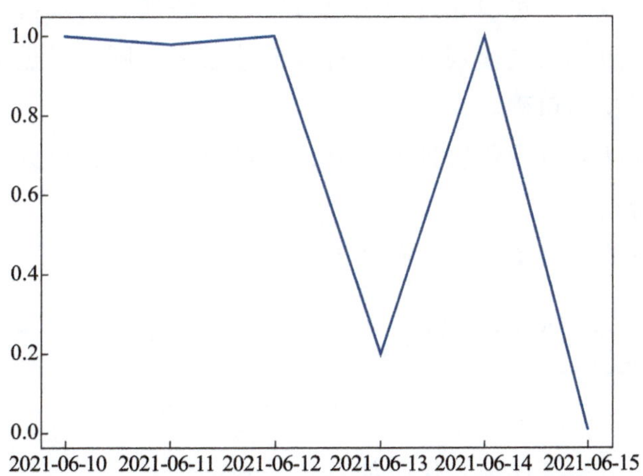

图 4-8　某品牌空调用户评论舆情时间序列化折线图

6. 任务 6：舆情分析

（1）任务分析

本任务通过时间序列化折线图、情感分析分值的平均数和中位数三种方式进行舆情分析，及时了解消费者对产品的态度，采用合适的应对策略。

（2）任务实施

从图 4-8 中可以看到，2021 年 6 月 10 日—2021 年 6 月 15 日共有空调评论 6 条，其中好评占 4 条，差评占 2 条，分别是 2021 年 6 月 13 日和 2021 年 6 月 15 日的评论。作为分析人员，将差评的两条评论摘取出来进行分析，差评内容见表 4-3。

表 4-3　差评内容显示表

序号	差评内容
1	色彩淡雅，制冷迅速，很安静！送货一个师傅、安装一个师傅，都特别专业，有条不紊。送货小板车带橡胶轮，轻松进房间；安装周师傅经验丰富，技巧和技术叹为观止，佩服！
2	安装不及时，又没有回复，工作人员各种理由推脱。

从表 4-3 可以看到，经过人工复查，第一条差评的内容实际为好评内容，并没有对空调质量及售后表达不满。产生这样的结果是由于自然语言处理接口 SnowNLP 自身算法导致的误判。将评论中的“送货一个师傅、安装一个师傅”删除后再次进行情感分析，得到的分数为 0.93778，属于绝对的好评。在实际分析时，要核查每条差评的内容，考虑到系统误判的情况，避免分析出现偏差。对于第二条差评，从内容上可以判断出消费者对于售后确实非常不满，情感分析分值较低，接近 0。对于这样的内容要及时联系消费者了解情况，如果属实，要给予一定补偿，避免口碑下滑影响销量。

采用时间序列化显示舆情分析结果的好处在于，可以直观地看到某一时间段内消费者对产品的态度。若情感分析结果一直处于接近于 1 的状态，说明近期的产品、快递及售后服务水平都比较高，可以通过记录进货渠道、快递公司及售后服务人员，与其达成长期合作；但如果近期舆情呈现下降趋势或低分较多，则要对进货渠道、快递和售后人员进行沟通，及时挽回口碑。

除了通过时间序列可视化这种方式外，还可以对情感分析分值进行平均数和中位数运算来进行舆情分析。

对情感分析分值求中位数，代码如下。

```
def middle(sentimentList):
    sentimentList.sort()
    return sentimentList[int(len(sentimentList) / 2)]
```

对情感分析分值求平均数，代码如下。

```
def average(sentimentList):
    sum = 0
    avg = 0
    for i in range(0, len(sentimentList)):
        sum += i
    avg = sum / len(sentimentList)
    return avg
```

平均数可以体现消费者对该店铺某件商品的一个整体态度，中位数是以它在所有情感分析分值中所处的中间位置的值确定全体单位标志值的代表值，不受情感分析分值的极大值或极小值影响，从而在一定程度上提高了中位数对情感分析值的代表性。对平均数和中位数进行比较可以更好地进行舆情分析。例如，平均值为 0.7 而中位数为 0.9，这意味着大部分的评价属于非常满意，但存在少部分异常点，拉低了平均值。此时，再使用情感分析的时间序列可视化，直观地检查异常点的出现位置，进一步进行处理。

课后习题

一、选择题

1. 自然语言处理的英文简称是（　　）。

A. PLN　　B.NLP

C. LPN　　D. PNL

2. 自然语言处理涉及的学科包括（　　）。

A. 语言科学　　B. 计算机科学

C. 数学　　D. 认知学

3. 自然语言处理的发展可以分为（　　）个阶段。

A. 1　　B. 2

C. 3　　D. 4

4. 以下不是自然语言处理进入 21 世纪获得的成果的是（　　）。

A. 隐马尔可夫模型　　B. 序列到序列模型

C. 注意力机制　　D. 预训练语言模型

5. 自然语言的组成包括（　　）。

A. 词法和句法　　B. 词汇和语法

C. 词和熟语　　D. 词和词素

6. 语言的基本单位是（　　）。

A. 句子　　B. 词汇

C. 词组　　D. 语法

7. 词汇的基本单位是（　　）。

A. 句子　　B. 语法

C. 词组　　D. 词素

8. 自然语言处理一般划分为（　　）个层次。

A. 1　　B. 3

C. 5　　D. 7

9. 以下不属于自然语言处理的应用领域的是（　　）。

A. 机器翻译　　B. 语音识别

C. 人脸识别　　D. 情感分析

10.（　　）是中文自然语言处理类库。

A. TextBlob　　B. SnowNLP

C. xlrd　　D. matplotlib

二、实训题

使用中文自然语言处理接口 SnowNLP 对外卖平台用户评论进行时间序列可视化，并进行简要的舆情分析。

第5章 生物特征识别与智慧校园

学习目标

随着互联网技术以及人工智能技术的快速发展，生物特征识别技术在人们的日常生活中得到了广泛的应用，例如指纹锁、人脸识别门禁以及刷脸支付等。在校园生活中，安全管理尤为重要，以人脸识别技术为基础的安防系统可以有效地辅助校园安全管理方面的问题，为学校师生增添一道强有力的安全防线。人脸识别技术除了在校园安全方面可以发挥重要的作用，在图书借阅管理方面也可以帮助图书馆工作人员，利用更简单的方法，提高工作效率，给学校师生的日常生活带来便利。

本章在介绍生物特征识别技术的同时，着重介绍生物特征识别在校园图书馆中人员管理的应用，利用 Python 语言中的 face_recognition 开源库来实现人脸识别功能。

知识目标

1）了解生物特征识别的概念和原理。

2）了解生物特征识别的发展历程。

3）了解生物特征识别在图书借阅的应用场景中的作用。

技能目标

1）能够熟练掌握 face_recognition 库。

2）能够熟练调用 PIL 库。

3）能够根据人脸特征对人脸图片进行比较。

5.1 案例导入：智慧校园中的人脸识别系统

随着智慧校园建设发展的需求增加，更多的生物特征识别技术将应用在校园的不同场景中。生物识别技术有很多类别，在智慧校园中应用的主要是人脸识别技术。下面一起来学习生物识别技术主要包含的内容，了解生物识别技术可以给校园生活带来什么样的变化。

在校园生活场景中使用人脸识别技术遵循以下流程，首先是人脸图像的采集和检测，然后需要对采集到的图像进行预处理，再将人脸图像特征提取出来，最后是人脸匹配和识别。在校园生活中，我们经常可以看到通过使用人脸识别技术实现对师生的门禁管理、测温以及对于教师的考核管理等。通过人脸识别系统对进出人员进行有效的身份识别，可以实现学生通过刷脸进出图书馆、宿舍楼和教学楼，也可以实现在校师生在校园的消费场景进行人脸识别支付等。由此看来，在我们的校园日常生活中，人脸识别技术可以管理校园人员的进出，禁止校外的人员在校园中活动，有效地避免在校园内发生不安全的事件，保护了学生和教职工的人身以及财产安全。人脸识别技术主要是通过在出入口安装摄像头，采集并识别人脸图像，从而判断进出校园的人员是否为已经登记的校内人员，方便工作人员对于校外人员进行管理控制，提高工作效率。

5.2 生物特征识别技术简介

5.2.1 生物特征识别的概念

生物识别技术（Biometric Identification Technology）是一种利用人体生物特征进行身份认证的技术。具体来讲，生物特征识别技术就是通过计算机与光学、声学、生物传感器和生物统计学等高科技手段密切结合，利用人体固有的生理特性和行为特征来进行个人身份的鉴定。

生物识别技术是对生物特征进行取样，提取其唯一的特征并且转化成数字代码，并进一步将这些代码组合而成的特征模板的技术。人们同识别系统交互进行身份认证的时候，系统采集到人们的信息特征后和数据库中已有的数据特征进行对比，通过计算后确认两个数据的匹配度，得出最后的结果是否为同一人。目前，在生物识别技术研究和应用的领域中，生物特征识别主要涉及计算机视觉、图像处理与模式识别、计算机听觉、语音处理、多传感器技术、虚拟现实、计算机图形学、可视化技术、计算机辅助设计、智能机器人感知系统等其他相关的研究。已被用于生物识别的生物特征有手形、指纹、脸形、虹膜、视网膜、脉搏、耳郭；行为特征有签字、声音、按键力度等。基于这些特征，生物特征识别技术已经在过去的几年中取得了优异的进展。

人脸识别的实现包括面部识别和面部认证两部分。面部识别多采用“多重对照人脸识别法”，即先从拍摄到的人像中找到人脸，从人脸中找出对比最明显的眼睛，最终判断包括两眼在内的领域是不是想要识别的面孔。面部认证为提高认证性能可采用“摄动空间法”，即利用三维技术对人脸侧面及灯光发生变化时的人脸进行准确预测，以及“适应领域混合对照法”，使得对部分伪装的人脸也可以进行识别和判断。在面部识别和面部认证这两方面，基本实现了快速和高精度的身份认证。由于人脸识别技术属于非接触型认证，只需要看到脸部就可以实现非常多的应用，所以人脸识别技术被广泛应用在：证件中的身份认证、重要场所中的安全检测和监控、智能卡中的身份认证、各种软件账户的登录等多种网络安全控制领域。随着网络技术和视频技术的快速发展，互联网中的网络资源的利用对于身份验证提出了新的要求，依托于图像理解、模式识别、计算机视觉和神经网络等技术的人脸识别技术在一定的应用范围内已获得了成功。目前，人脸识别技术在日常生活中的安全领域应用得比较广泛。

5.2.2　生物特征识别的分类

生物识别技术可以按照识别的对象进行分类，分别为指纹识别、掌形识别、人脸识别以及虹膜识别等。目前，指纹识别是最成熟且应用最为广泛的生物特征识别技术，与其他识别技术相比也准确很多。掌纹识别技术主要是以掌纹作为目标特征，其缺点是设备的价格较高且体积较大。虹膜识别技术是目前错误率最低的一种识别技术，缺点是使用不方便且设备价格昂贵。人脸识别技术也是目前主流的生物识别技术之一，因为它对硬件要求不高的特点，简单一台摄像机就可以对人脸进行采集，且因为与设备不进行直接的接触，可以应用于各种场景。人脸识别可以分为二维识别和三维识别，目前我国主要使用的是二维识别的相关技术。

人脸图像的采集主要是通过摄像镜头，需要在不同的位置、不同的光线，或者做出不同的表情的时候采集静态的或者动态的图像。使用者需要在采集设备的拍摄范围之内，通过代码实现设备对于图像的自动搜索，随后拍摄出使用者的人脸图像。人脸检测技术主要是应用在人脸识别的预处理方面，需要在拍摄的图像中圈出人脸所在的位置。人脸图像中包含的模式特征十分丰富，如直方图特征、颜色特征、模板特征、结构特征及 Haar 特征等。人脸检测的工作就是对于特征信息的提取，利用提取出的特征信息进行检测并得出最后的结果。

人脸图像特征提取的是人脸识别系统可使用的特征，通常分为视觉特征、像素统计特征、人脸图像变换系数特征、人脸图像代数特征等。人脸特征提取就是针对人脸的某些特征进行的。人脸特征提取的方法归纳起来分为两大类：一种是基于知识的表征方法；另外一种是基于代数特征或统计学习的表征方法。人脸图像匹配与识别是提取的人脸图像的特征数据与数据库中存储的特征模板进行搜索匹配，通过设定一个阈值，当相似度超过这一阈值，则将匹配得到的结果输出。人脸识别就是将待识别的人脸特征与已得到的人脸特征模板进行比较，根据相似程度对人脸的身份信息进行判断。这一过程又分为两类：一类是确认，是一对一进行图像比较的过程；另一类是辨认，是一对多进行图像匹配对比的过程。

5.2.3 生物特征识别的发展历程

生物特征识别技术在如今的社会中有着日新月异的发展，起步于 20 世纪 90 年代的初期，已经经过了三十多年的发展。我国生物特征识别技术最早发展的是指纹识别技术，和国外的发展相比基本同步，并掌握了核心技术，产业发展相对比较成熟。我国对于掌纹识别、人脸识别、虹膜识别等生物特征识别技术研究的发展主要是在 1996 年之后。1996 年，中国科学院院士谭铁牛入选中科院的“百人计划”，开辟了基于人的生物特征的身份鉴别等国际前沿领域的学科研究方向，开启了我国对于人脸、虹膜等生物特征识别技术的研究。

中科院自动化研究所是我国最具权威的生物特征识别认证科研机构，在人脸识别、虹膜识别、指纹识别、掌纹识别等领域均已取得了国内或国际领先的研究成果。

5.3 生物特征识别的应用场景

在科技快速发展的现代社会，对于身份的认证成为了日常生活中急需解决的问题。由于个人生物特征的唯一性，利用生物特征识别这一技术可以准确、快速、安全地进行身份认证。生物识别技术经过飞速的发展已经在人们的日常生活中得到了广泛的应用。

1. 智能安防

公安系统通过公共场合的摄像头捕捉人脸，和数据库中已有的嫌疑人的面部特征进行对比得出分析结果，将罪犯抓捕归案，提高了抓捕罪犯的效率。这就是通过生物特征识别系统对捕获的人脸进行对比，如果对比的结果是相同的，系统可以做出快速的反应，提醒相关的工作人员。这类的安防系统可以被广泛应用于机场、地铁、火车站等人流密集的公共场所。

2. 商业服务

生物识别系统在商业服务中的应用也非常广泛。例如，可以通过对识别出的人脸进行计数，用于统计店铺的客流量，还可以对顾客的年龄和性别进行统计，对店主提供帮助，对所售商品进行有策略的调整。无人超市也逐渐流行起来，支付时使用自动收银台对顾客的人脸进行识别收款，如果顾客没有付钱就走出超市，警察可以通过捕获到的人脸图像快速锁定嫌疑人。无人超市减少了对服务员的需求，节省了成本。

3. 智慧校园

人脸识别系统在智慧校园场景中的应用，有效地保障了在校师生的安全，减少了老师的工作量，提高了校园管理的效率，为师生们的日常生活提供了便利。

5.4 项目实践：图书借阅管理系统的人脸借书

由于高校在校学生人数的增加，校园的建设也在不断地完善，图书馆是学生课后学习的重要场所，图书资源也在不断地增加。人工智能技术有助于图书馆的管理，提高图书馆工作人员的管理效率。人脸识别技术是生物特征识别技术中的一种，通过对进出图书馆和借阅图书的人员的人脸图像特征提取，进行身份识别，判断其是否为在校师生，或者判断其是否需要归还图书等。

图书借阅管理系统的人脸数据库可以来自于学生新生登记的照片。人脸检测和人脸识别是图书借阅管理系统的关键技术，基于人脸识别技术的图书借阅管理系统不仅可以识别读者的身份，还可以进行管理人员身份识别，提高图书馆管理效率，为读者和工作人员提供方便。

5.4.1　提出问题

人脸识别系统主要包括四个组成部分，分别为：人脸图像采集及检测、人脸图像预处理、人脸图像特征提取以及匹配与识别。

人脸检测的主要问题是人脸识别的预处理，即在图像中准确标定出人脸的位置和大小。人脸图像中包含的模式特征十分丰富，如直方图特征、颜色特征、模板特征、结构特征等。人脸检测就是把这其中有用的信息挑出来，然后计算其特征值，随后进行人脸对比，评估两个人脸之间的相似度，通过相似度来验证是否为同一人。

5.4.2　分析问题

本项目实践待处理问题的核心是使用 Python 语言和已有的照片数据，对人脸的特征进行分析，并根据分析结果判断是否为同一个人。这里将利用 Python 语言及各种开源库初步体验人脸识别技术在图书馆场景中的应用。

5.4.3 相关知识

1. Python

Python 是具有跨平台、开源、免费等特点的解释型高级动态编程语言，拥有大量功能强大的内置对象、标准库和开发库。

2. CMake

CMake 是一个跨平台的安装（编译）工具，可以用简单的语句来描述所有平台的安装（编译过程）。它能够输出各种各样的 Makefile 或者 Project 文件，能测试编译器所支持的 C++ 特性。它功能多、兼容性强，而且操作比较简单。

在运行代码之前，首先需要下载并安装 CMake。可以到 CMake 的官网（https://cmake.org/download/），找到与计算机系统相对应的版本进行下载，随后进行安装。如图 5-1 所示，在系统中添加环境变量；随后如图 5-2 所示，选择安装位置；最后如图 5-3 所示，单击 Install 按钮完成 CMake 的安装。

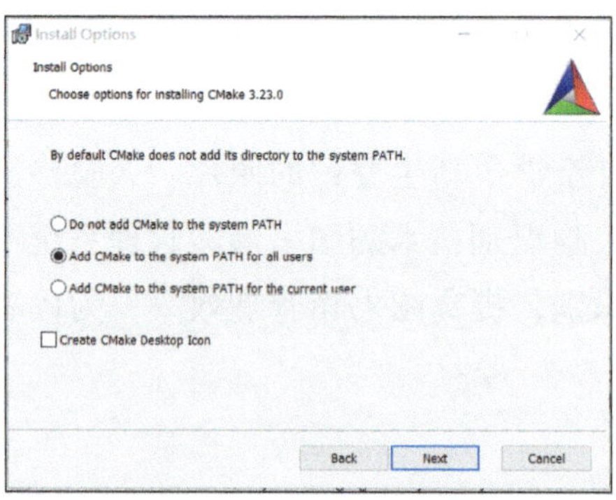

图 5-1 添加环境变量

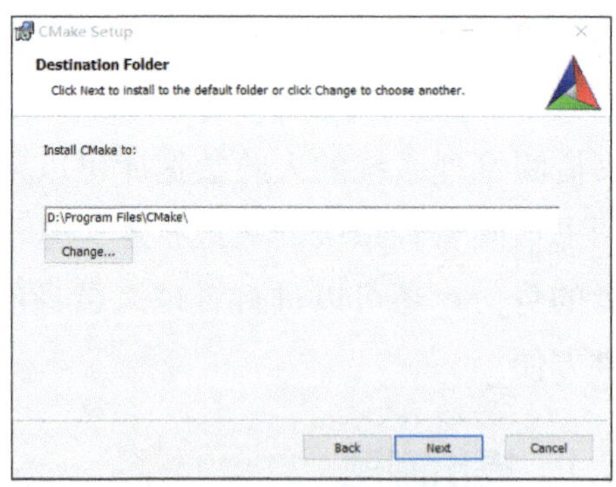

图 5-2 选择安装位置

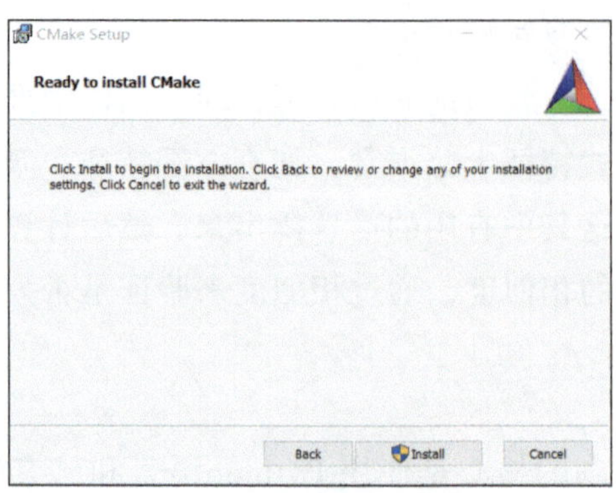

图 5-3 CMake 安装完成

3. dlib

dlib 是一个十分好用的机器学习库，其源码均由 C++ 实现，提供大量的机器学习和图像处理的算法，并提供了 Python 接口，可广泛应用于很多场景。

在安装 dlib 之前计算机需安装 C/C++ 编译器的 Microsoft Visual Studio 2015（或更新版本）。首先，按 <Win+R> 组合键打开“运行”对话框，输入 cmd 命令后按 <Enter> 键进入命令提示符窗口。在命令行中输入代码：

```
pip install dlib
```

若显示如图 5-4 所示，表示 dlib 已完成安装。

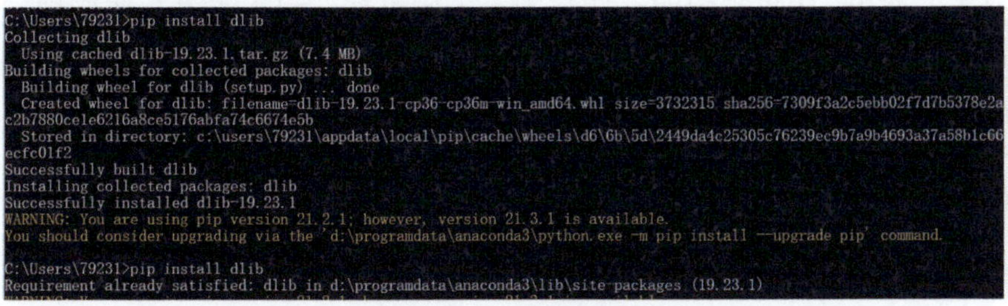

图 5-4　安装 dlib

4. face_recognition 库

在本项目实践中使用 Python 中的 face_recognition 开源库来实现人脸识别的功能。face_recognition 是一个强大、简单、易上手的人脸识别开源项目，并且配备了完整的开发文档和应用案例。可以使用 Python 和命令行工具进行提取、识别、操作人脸图像。该项目的人脸识别是基于业内领先的 C++ 开源库 dlib 中的深度学习模型，使用非常方便，直接包含头文件即可，并且不依赖其他库。

按 <Win+R> 组合键打开“运行”对话框，输入 cmd 命令后按 <Enter> 键进入命令提示符窗口。在命令行中输入代码：

```
pip install face_recognition
```

若显示如图 5-5 所示，表示 face_recognition 已完成安装。

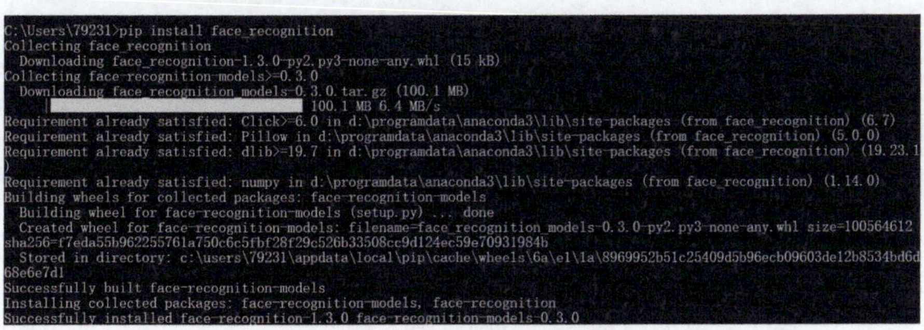

图 5-5　安装 face_recognition

5. PIL

PIL 的全称是 Python Imaging Library，是 Python 平台一个功能非常强大而且简单易用的图像处理库。它提供了基本的图像处理功能，如改变图像大小、旋转图像、图像格式转换、色场空间转换、图像增强、直方图处理、插值和滤波等。可以通过安装 Pillow 来使用 PIL。

使用 PIL 时需要先导入几个模块，代码如下：

```
from PIL import Image,ImageDraw,ImageFont
```

Image 是 PIL 常用的模块，主要包含对图像基础的操作功能。ImageDraw 模块提供了对图像对象的简单 2D 绘制功能，如在图像上画直线、写文本等，绘制前需要创建一个可修改给定图像的对象。ImageFont 模块提供的是在图像上写文本时涉及的字体、字号的设置。

5.4.4 解决问题

1. 任务 1：检测人脸位置

（1）任务分析

本任务的主要目的是使用预先训练好的算法查找出图像中的人脸。在图书借阅这个场景中，教师和学生每次使用人脸识别，站在摄像头前拍照的脸部位置都不是固定不变的，所以首先需要检测出人脸，判断人脸的位置。

（2）任务实施

本任务的具体实现代码如图 5-6 所示。

```
1  from PIL import Image
2  import face_recognition
3
4
5  image = face_recognition.load_image_file("E:/test/1.jpg")
6  face_locations = face_recognition.face_locations(image, number_of_times_to_upsample=0, model="cnn")
7
8  print("此照片中出现了 {} 个人。".format(len(face_locations)))
9
10
11 for face_location in face_locations:
12     top, right, bottom, left = face_location
13     print("面部的位置距 顶部: {}, 左边: {}, 底部: {}, 右边: {}".format(top, left, bottom, right))
14     face_image = image[top:bottom, left:right]
15     pil_image = Image.fromarray(face_image)
16     pil_image.show()
17
```

图 5-6　任务 1 的源代码

代码分析如下。

代码行 1~2：导入需要的两个库，分别是 PIL 和 face_recognition。导入库的语句不要放在函数内。

代码行 5：使用函数 load_image_file() 读取图片，将 .jpg 文件加载到 numpy 数组中，读取 .jpg 文件，小括号内写入在计算机中存放输入图片的绝对路径。

代码行 6：使用预训练的卷积神经网络查找图像中的所有人脸，小括号内的 image 为参数，是一个包含图像数据的列表，每个成员都是 numpy array 类型。number_of_times_to_upsample 是对图像进行上采样以查找面部的次数，数值越大，面部越小。model 为使用哪种人脸检测模型，cnn 是卷积神经网络的缩写，一种准确的深度学习模型。

代码行 8：输出照片中的人脸数。face_locations 为可选参数，提供要检查的人脸位置的列表。

代码行 11~16：for 循环遍历 face_locations，根据函数返回的四个像素位置信息，top-bottom 作为人脸矩形框长，right-left 作为人脸矩形框宽，使用 Image 模块将 numpy 数组转为图片进行显示。show 指定人脸的位置信息，然后显示人脸图片。

这段代码一共可以分为三个部分：第一部分为载入图片，调用 face_recognition 模块的 load_image_file() 函数载入图片，并且转为 numpy 数组；第二部分为得到人脸边界框的信息，调用 face-recognition 模块的 face_location() 函数返回图像中人脸边界框的信息数组；第三部分为遍历循环，然后显示人脸。

（3）结果显示

输入的图片如图 5-7 所示。

输出的结果如图 5-8 所示。

图 5-7　输入图片

```
此照片中出现了 1 个人。
面部的位置距 顶部: 1342, 左边: 537, 底部: 1831, 右边: 1026
```

图 5-8　任务 1 的输出结果

识别的人脸结果截图如图 5-9 所示。

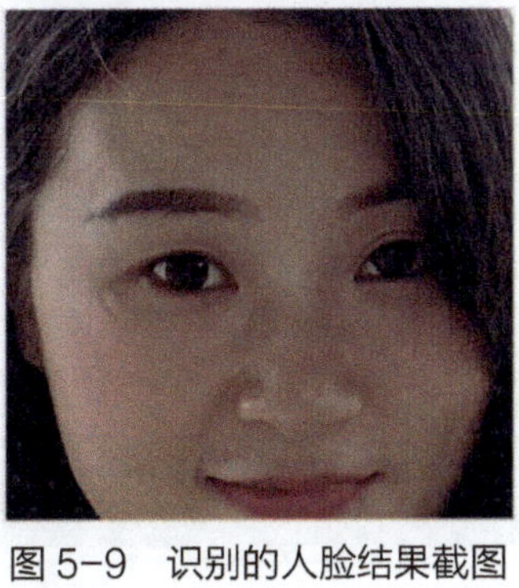

图 5-9　识别的人脸结果截图

2. 任务 2：识别人脸面部特征

（1）任务分析

本任务的主要目的是识别人脸关键点，包括眼睛、鼻子、嘴和下巴。识别人脸关键点在很多领域都有用处，比如我们经常使用到的美图秀秀自动化妆，就需要识别出五官随后对图片中的人脸进行分区域的化妆填色。

本段程序涉及找出图像中所有面部的所有面部特征，随后在图片上绘制，打印出图像中每个面部特征的位置，用线条勾勒出面部特征，最后进行结果输出。

（2）任务实施

本任务的具体实现代码如图 5-10 所示。

```
1  from PIL import Image, ImageDraw
2  import face_recognition
3  
4  image = face_recognition.load_image_file("E:/test/1.jpg")
5  
6  face_landmarks_list = face_recognition.face_landmarks(image)
7  
8  print("此照片中出现了 {} 个人。".format(len(face_landmarks_list)))
9  
10 pil_image = Image.fromarray(image)
11 d = ImageDraw.Draw(pil_image)
12 
13 for face_landmarks in face_landmarks_list:
14 
15     for facial_feature in face_landmarks.keys():
16         print("这个面部中的 {} 有这些点: {}".format(facial_feature, face_landmarks[facial_feature]))
17 
18 
19     for facial_feature in face_landmarks.keys():
20         d.line(face_landmarks[facial_feature], width=5)
21 
22 pil_image.show()
23 
```

图 5-10　任务 2 的源代码

代码分析如下。

代码行 1~4：代码和任务 1 相同，可参考学习。

代码行 6~8：加载图像后，调用 face_landmarks() 函数可识别出人脸关键点信息，找出图像中所有面部的所有面部特征，得到人脸的特征列表，随后进行输出。

代码行 10~11：将 array 转换成 image，创建一个 PIL imagedraw 对象，以便可以在图片上绘制。d 是 imagedraw() 函数的返回值。

代码行 13~20：使用 for 循环遍历脸部，打印此图像中每个面部特征的位置，用线条勾勒出图像中的每个面部特征。

代码行 22：显示图片。

（3）结果显示

输出的结果如图 5-11 所示。

```
此照片中出现了 1 个人。
这个面部中的 chin 有这些点: [(575, 367), (575, 401), (580, 433), (585, 465), (595, 495), (612, 522), (633, 548), (658, 569), (685, 577), (713, 573), (742, 558), (768, 538), (789, 516), (805, 489), (815, 459), (823, 428), (829, 396)]
这个面部中的 left_eyebrow 有这些点: [(595, 342), (615, 330), (639, 330), (661, 338), (682, 349)]
这个面部中的 right_eyebrow 有这些点: [(721, 351), (746, 347), (770, 346), (793, 351), (810, 365)]
这个面部中的 nose_bridge 有这些点: [(700, 382), (699, 406), (698, 430), (696, 454)]
这个面部中的 nose_tip 有这些点: [(672, 466), (682, 471), (693, 476), (705, 474), (716, 471)]
这个面部中的 left_eye 有这些点: [(618, 372), (634, 365), (652, 369), (665, 385), (648, 386), (630, 382)]
这个面部中的 right_eye 有这些点: [(735, 393), (751, 380), (769, 381), (783, 392), (769, 398), (751, 397)]
这个面部中的 top_lip 有这些点: [(642, 496), (663, 494), (680, 493), (691, 497), (703, 495), (718, 501), (737, 506), (728, 507), (702, 506), (690, 506), (678, 504), (651, 499)]
这个面部中的 bottom_lip 有这些点: [(737, 506), (716, 521), (700, 526), (687, 526), (675, 523), (660, 515), (642, 496), (651, 499), (677, 506), (689, 508), (701, 508), (728, 507)]
```

图 5-11　任务 2 的输出结果

检测出的结果如图 5-12 所示。

图 5-12　任务 2 的检测结果

3. 任务 3：根据已知面孔识别照片

（1）任务分析

本任务是将两张照片进行对比，判断是否为同一人，并给出分析结果。首先，需要输入三张照片，其中两张不是同一人的照片，存储路径分别为 xiaohong_image = face_recognition.load_image_file(" 路径 ") 和 xiaohuang_image = face_recognition.load_image_file (" 路径 ")中，需要检测的照片放入 unkonwn_image = face_recognition.load_image_file (" 路径 ")中。随后，程序会获取图像中人脸的人脸编码，通过对编码的对比判断出是否为同一人，并输出最后的结果。

（2）任务实施

本任务的具体实现代码如图 5-13 所示。

```
1  import face_recognition
2
3
4  xiaohong_image = face_recognition.load_image_file("E:/known_people/小红.jpg")
5  xiaohuang_image = face_recognition.load_image_file("E:/known_people/小黄.jpg")
6
7  unknown_image = face_recognition.load_image_file("E:/test/unknown.jpg")
8
9
10 try:
11     xiaohong_face_encoding = face_recognition.face_encodings(xiaohong_image)[0]
12     xiaohuang_face_encoding = face_recognition.face_encodings(xiaohuang_image)[0]
13     unknown_face_encoding = face_recognition.face_encodings(unknown_image)[0]
14 except IndexError:
15     print("我没有定位到面部信息，请检查照片文件！")
16     quit()
17
18 known_faces = [
19     xiaohong_face_encoding,
20     xiaohuang_face_encoding
21 ]
22
23 results = face_recognition.compare_faces(known_faces, unknown_face_encoding)
24
25 print("这个人是小红吗？ {}".format(results[0]))
26 print("这个人小黄吗？ {}".format(results[1]))
27 print("我们不认识这个人吗？{}".format(not True in results))
28
```

图 5-13　任务 3 的源代码

代码分析如下。

代码行 1~7：代码和任务 1 相同，可参考学习。

代码行 10~16：face_encodings() 函数给脸部编码，获取每个图像文件中每个面部的面部编码。小括号中的参数 face_image 是包含一个或者多个人脸的 image，由于每个图像中可能有多个人脸，所以返回一个编码列表，但因提前知道每个图像只有一个人脸，取每个图像中的第一个编码，即索引 0。

代码行 18~21：已知人脸编码的列表。

代码行 23：返回一个元素为真或者假的列表，代表未知人脸是否与 known_faces 数组中的人脸匹配。compare_faces() 函数比较脸部编码列表和候选编码，看它们是否匹配。known_faces 和 unknown_face_encoding 为已知的人脸编码列表和要检测的人脸编码列表。

代码行 25~27：输出结果。

（3）结果显示

图 5-14 所示为小红和小黄两个人的图片。图 5-15 所示为需要进行检测的图片。

图 5-14　两个不同人的图片

图 5-15　需检测的图片

图 5-16 所示为检测结果，判断输入的图片和哪个人物匹配。

```
这个人是小红吗? True
这个人是小黄吗? False
我们不认识这个人吗? False
```

图 5-16　任务 3 的检测结果

4. 任务 4：识别人脸并在周围画框

（1）任务分析

在前三个任务中已经识别出人脸位置，提取人脸特征，对两张图片中的人脸进行对比，判断是否为同一人并输出结果。在任务 4 中，需对图片中的多个人脸进行识别对比，并分别给出结果。

首先需要准备 4 张图片，其中一张为多人合照，另外 3 张为合照中人物的单人照，程序会循环遍历在合照中找到的每个人脸，查看面部是否与已知单人照面部匹配，如果匹配，在合照脸部下方绘制一个带有名称的标签。

（2）任务实施

本任务的具体实现代码如图 5-17 所示。

代码分析如下。

代码行 1~2：代码和任务 1 相同，可参考学习。

代码行 3：numpy 函数库是 Python 开发环境的一个独立模块，是 Python 的一种开源的数值计算扩展工具，用来存储和处理大型多维矩阵。使用 import 导入 numpy 模块进行使用，为了方便编写代码，在导入时同时给 numpy 一个别名。之后在使用该模块时，可以使用缩写的别名进行调用。

代码行 6~16：load_image_file 和任务 1 相同，可参考学习。face_encodings 和任务 3 相同，可参考学习。

代码行 19~24：创建已知人脸编码及其名称的数组。known_face_encodings 是人脸解码方法中返回的特征向量，此处是已知人脸的特征向量。

代码行 25~30：创建已知人脸名称的数组。known_face_names 为已知人脸名称的合集。

代码行 33~37：加载一张未知人脸的图像。face_locations 为可选参数，在任务 1 中讲述过。

代码行 40: 将图像转换为 PIL 格式的图像，以便可以使用 pillow 库在其上绘制。

代码行 42：创建一个 Pillow ImageDraw 实例来绘制。

```python
import face_recognition
from PIL import Image, ImageDraw, ImageFont
import numpy as np


xiaohei_image = face_recognition.load_image_file("E:/known_people/小黑.jpg")
xiaohei_face_encoding = face_recognition.face_encodings(xiaohei_image)[0]

xiaolv_image = face_recognition.load_image_file("E:/known_people/小绿.jpg")
xiaolv_face_encoding = face_recognition.face_encodings(xiaolv_image)[0]

xiaolan_image = face_recognition.load_image_file("E:/known_people/小蓝.jpg")
xiaolan_face_encoding = face_recognition.face_encodings(xiaolan_image)[0]

xiaohong_image = face_recognition.load_image_file("E:/known_people/小红.jpg")
xiaohong_face_encoding = face_recognition.face_encodings(xiaohong_image)[0]


known_face_encodings = [
    xiaohei_face_encoding,
    xiaolv_face_encoding,
    xiaolan_face_encoding,
    xiaohong_face_encoding
]
known_face_names = [
    "小黑",
    "小绿",
    "小蓝",
    "小红"
]


unknown_image = face_recognition.load_image_file("E:/test/photo.jpg")


face_locations = face_recognition.face_locations(unknown_image)
face_encodings = face_recognition.face_encodings(unknown_image, face_locations)


pil_image = Image.fromarray(unknown_image)

draw = ImageDraw.Draw(pil_image)


for (top, right, bottom, left), face_encoding in zip(face_locations, face_encodings):

    matches = face_recognition.compare_faces(known_face_encodings, face_encoding)

    name = "Unknown"

    face_distances = face_recognition.face_distance(known_face_encodings, face_encoding)
    best_match_index = np.argmin(face_distances)
    if matches[best_match_index]:
        name = known_face_names[best_match_index]

    font = ImageFont.truetype("C:/Windows/Fonts/simsun.ttc",20)

    draw.rectangle(((left, top), (right, bottom)), outline=(0, 0, 255))


    text_width, text_height = draw.textsize(name,font=font)
    draw.rectangle(((left, bottom - text_height - 10), (right, bottom)), fill=(0, 0, 255), outline=(0, 0, 255))
    draw.text((left + 6, bottom - text_height - 5), name, fill=(255, 255, 255, 255),font=font)


del draw


pil_image.show()
```

图 5-17　任务 4 的源代码

代码行 45：使用 for 循环遍历在未知图像中找到的每个人脸。

代码行 47~49：查看面部是否与已知面部匹配。

代码行 51~54：face_distances 给定一组面部编码，将它们与已知的面部编码进行比较，得到欧氏距离。对于每一个比较的脸，欧氏距离代表了这些脸有多相似。

代码行 56~58：使用 PIL 中 ImageFont 模块在脸部周围画一个框。

代码行 61~63：在脸部下方绘制一个带有名称的标签。

代码行 69：显示图片。

（3）结果显示

如图 5-18 所示，输入 4 张图片，第 1 张为合照，后 3 张分别为第 1 张合照中人物单独照片。

图 5-19 所示为输出结果，在识别出的人脸的方框中标注出了姓名。

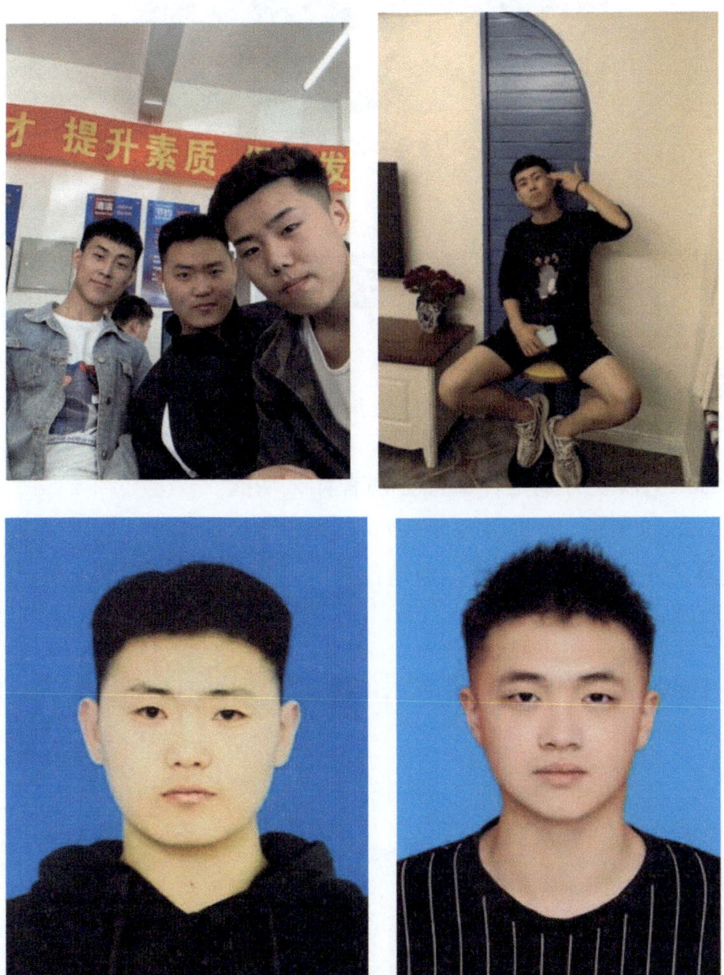

图 5-18　输入的图片

图 5-19　任务 4 的识别结果

课后习题

一、简答题

1. 请列举三个生物识别技术的应用场景。
2. PIL 库中的三个模块分别是什么？分别有什么功能？
3. 函数 load_image_file() 的作用是什么？
4. 人脸识别系统的四个组成部分分别是什么？

二、实训题

请对任务 1 中的图片进行替换，使用 Python 语言实现对图片中的人脸进行查找。

第6章 大数据与日常生活

学习目标

大数据（Big Data），是一种规模大到在获取、存储、管理、分析方面大大超出了传统数据库软件工具能力范围的数据集合，是需要新处理模式才能具有更强的决策力、洞察发现力和流程优化能力来适应海量、高增长率和多样化的信息资产，具有海量的数据规模、快速的数据流转、多样的数据类型和价值密度低的特征。

2009年，“大数据”一词还只是流行于互联网信息技术行业中，非IT从业人员几乎接触不到。如今，大数据已经不是一个冷冰冰的，停留在书籍上的抽象词语，而是如同空气一般存在于我们日常生活中的每个角落。音乐软件推出新功能，可根据用户平时的听歌习惯，预测其可能喜爱的歌曲并由此建立每日歌单；导航软件只需输入起点和目的地，就能马上规划出一条最优出行的导航路线；利用大数据算法智能分单取代传统的人工分单，优化路线，降低人工配单的时间，节省人力成本等。对于这些体验，你一定感到惊喜，但你可能不知道，这些都归功于大数据。

本章将带领读者一起学习大数据的概念与原理，了解大数据的发展历程与应用场景。通过项目实战：某平台线上超市全年销售数据分析，掌握大数据中的重要应用——数据可视化，使用Python语言实现各类可视化视图，并根据视图进行数据分析。

知识目标

1）了解大数据的概念及原理。

2）了解大数据的发展历程。

3）了解大数据在日常生活中的应用场景。

技能目标

1）能够熟练掌握 matplotlib 库中用于可视化的函数。

2）能够熟练使用 Python 调用 matplotlib 库并实现数据可视化。

3）能够根据可视化图表进行合理的数据分析。

6.1 案例导入：大数据下的电商服务模式转变

（1）增强导购中数字化利用

大数据真实记录了电子商务情况下，消费者的消费习惯与消费倾向。在电子商务服务模式革新中，充分利用这些信息资源，整合消费者的消费记录，并经过一定的分析与处理，能够为消费者提供性价比更高的、更符合消费者消费意愿的产品，从而改革电子商务导购，加强数字化利用，最大限度地促进消费，提高电子商务企业的效益。

（2）将服务模式垂直细分

在大数据时代，电子商务企业根据其自身特征，利用大数据产生的信息与有利资源，对电子商务服务模式进行相应的垂直细分，开辟符合企业自身发展的新领域。对于很多大型的电商平台，其规模与产品种类是一些小型电商不可比拟的，在此情况下，小型电商想寻求发展，就必须在细节上入手，创建属于自己的有针对性的某电商领域的服务模式，将电子商务服务精品化，从而才能在众多电子商务服务平台中脱颖而出。

（3）创新服务更加符合消费者需求

大数据时代不仅为电子商务发展带来了新机遇，更为电子商务服务的创新带来了新思路。传统的电商服务创新总有很多局限因素，但是在大数据背景下，可充分利用网络资源与电子商务平台社交功能，通过各种渠道全面掌握消费者信息，将大数据分析出的结果应用于电商销售的各个环节，研发更加适合消费群体的个性化电商服务模式，满足消费者消费理念，促进电子商务的新发展。

6.2 大数据技术概述

6.2.1 大数据与大数据技术的概念

1. 大数据的概念

目前常说的大数据通常是指在 2000 年以后，由于信息交换、信息存储、信息处理三个方面能力的大幅增长而产生的数据，即一种规模大到在获取、存储、管理、分析方面大大超出了传统数据库软件工具能力范围的数据集合。需要补充的是，大数据中的“大”只是指数据的量而言，即数据量大，但并不代表着数据一定有可以被深度学习算法利用的价值。例如，地球绕太阳运转的过程中，每一秒钟记录一次地球相对太阳的运动速度、位置，可以得到大量数据，如果只是这样的数据并没有太多可以挖掘的价值。

2. 大数据技术的概念

随着科技的飞速发展，我国快速步入大数据时代。生活中的数据是无处不在的，是碎片化的，并且更多反映的是某种状态下的一种结果，但是不能反映其过程。例如，小明这个月瘦了 3 斤，“3 斤”仅体现了这个月的减重结果。那如果想要预测他后续一年的体重变化趋势，这些普通数据是做不到的。只有对小明后续一年的饮食情况、运动情况、身体情况等大量的信息进行综合考虑分析，才能够做到监测和预测他的体重变化趋势。所以，大数据技术是使用新型的信息处理方式对大量的信息中的数据进行高速、及时的整理与分析，从而促成更强的决策能力、洞察力与最优化处理。

大数据技术给企业带来了巨大的商业价值。通过数据采集、处理、分析，可以从海量数据中获取有价值的信息，并将其应用在企业的生产、管理、销售等各个领域。企业有强大的数据分析能力做支持后，可避免潜在的风险，降低成本，提高效率，使许多不可能的事情变为可能。

大数据技术的贡献不仅局限于企业，在新冠肺炎防疫过程中，兰州大学研发的“新冠肺炎疫情全球预测系统”自上线以来，对全球 180 多个国家和地区进行了每日新增病例的预测，特别是成功预测了巴西和印度的疫情趋势，受到了社会各界的广泛关注。

6.2.2 大数据技术的原理

大数据处理主要针对的是海量的、多样化的数据集合。大数据技术主要分为大数据的获取和采集、大数据的存储与管理、大数据的分析与可视化。在大数据采集方面，首先需要找到数据源，可以从互联网、物联网、企业等获取，数据分为实时数据和非实时数据。在数据的获取方面，可以利用爬虫技术在网页中提取所需要的数据，或者通过其他工具，如 Flume 实现数据的 ETL（Extract-Transform-Load，抽取 - 转换 - 加载），从而获取需要的数据。获取数据之后需要将数据进行存储与管理，利用数据库技术实现对数据进行快速搜索与查看。收集到的数据分为结构化数据、半结构化数据和非结构化数据。HBase 是一个构建在 HDFS 上的分布式存储系统，用于海量非结构化、半结构化数据的存储。它的特点是高性能，拥有丰富的数据类型和丰富的客户端。

收集到的数据中有大量的无效数据，需要利用数据抽取等技术对数据进行处理。先提取特征，再利用机器学习、监督学习等对数据进行建模，随后对数据进行分析，利用批处理框架、交互式计算框架等挖掘藏在这些数据中的深度信息。大数据处理技术分为三种场景，离线、在线和流式。可以使用 Hadoop 开源平台下的 Spark 对数据进行处理。Spark 是一种分布式、通用的大数据计算框架，可用于离线计算、交互式查询、机器学习等。Spark 编程语言丰富、编程简单、封装性好，可以共用批处理逻辑。最后，利用大数据可视化等技术把数据之间的潜在关系表示出来，将数据转换为图形或者图像在屏幕上显示出来，进行交互式处理，更易于被人们所理解。

6.2.3 大数据技术的发展历程

大数据技术的发展离不开数据挖掘算法和各类应用框架的更新。

1. 数据挖掘

数据挖掘是在大数据集上探索和揭示模式规律的计算过程。它是计算机科学的分支，融合了统计学、数据科学、数据库理论和机器学习等众多技术。

1763 年，托马斯·贝叶斯发表论文，他所提出的贝叶斯理论将当前概率与先验概率联系起来。由于贝叶斯理论能够帮助理解基于概率估计的复杂现况，因此它成为数据挖掘的基础。1805 年，勒让德和高斯使用回归确定了天体绕行太阳的轨道。回归分析的目标是估计变量之间的关系，在这个例子中采用的方法是最小二乘法。自此，回归成为数据挖掘的重要工具之一。1943 年，麦卡伦和皮茨首先构建出数据挖掘中重要的算法模型——神经网络的概念模型。他们阐述了网络中神经元的概念，即每一个神经元可以做三件事情：接受输入、处理输入和生成输出。1975 年，约翰霍兰德创作的《自然与人工系统中的适应》问世，成为遗传算法领域具有开创意义的著作。这本书讲解了遗传算法领域中的基本知识，探索其应用，为后期应用于数据挖掘打下了坚实的基础。20 世纪 90 年代，“数据挖掘”这个术语出现在数据库社区。零售公司和金融团体使用数据挖掘分析数据和观察趋势以扩大客源、预测利率的波动、股票价格以及顾客需求。1992 年，博泽、盖恩和瓦尼克对原始的支持向量机提出了一种改进办法，新的支持向量机充分考虑到非线性分类器的构建。支持向量机是一种监督学习方法，用分类和回归分析的方法进行数据分析和模式识别。

如今数据挖掘的应用已经遍布商业、工程、科学和医药等领域，信用卡交易、股票市场流动、国家安全、基因组测序及临床试验方面的挖掘都只是数据挖掘技术应用的冰山一角。随着数据收集成本变得越来越低，数据收集设备数目激增，数据挖掘技术还将迎来新的发展。

2. 各类应用框架

2003 年，谷歌发表了论文“The Google File System”。Google File System（GFS）是一种适用于大型分布式数据密集型应用的可扩展分布式文件系统。它在大量普通机器上运行并提供容错能力，并为大量客户端提供高性能，为后期的分布式文件存储系统（HDFS）打下基础。2004 年，谷歌发表了论文“MapReduce”，论文描述了大数据的分布式计算方式，主要思想是将任务分解然后在多台处理能力较弱的计算节点中同时处理，然后将结果合并从而完成大数据处理。2006 年，谷歌继续发表了第三篇论文“Bigtable”，Bigtable 的设计是为了能可靠地处理 PB 级的海量数据，使其能够部署在千台机器上，具有高可靠性、高性能、可伸缩等特性。2007 年，Hadoop 分布式系统架构成为 Apache 的顶级项目，并成立专门的商业公司 Cloudera 专门运营。用户可以在不了解分布式底层细节的情况下，开发分布式程序，充分利用集群的威力进行高速运算和存储。2008 年，社交巨头 Facebook 将数据仓库工具 Hive 共享到开源社区。该工具可以存储、查询和分析存储在 Hadoop 中的大规模数据。2010 年，开源数据库 HBase 成为 Apache 顶级项目，用于非结构化数据的存储。2012 年，Hadoop 资源管理器 Yarn 成为 Apache 独立项目，它的引入为集群在利用率、资源统一管理和数据共享等方面带来了提升。同年，开源大数据工具 sqoop 成为 Apache 顶级项目，主要用于 Hadoop 与传统数据库间进行数据传递。2014 年，Spark、Storm 和 Flink 同时成为 Apache 顶级项目。其中，Spark 作为 Hadoop 的补充，在工作负载方面更加优越；Storm 是一个免费开源的分布式实时计算系统，用于实时分析、在线机器学习、连续计算等；Flink 是一种开源流处理框架，以数据并行和流水线方式执行任意流数据程序。

6.3 大数据技术的应用场景

大数据技术给许多重要行业带来革命性的变化，如销售、金融、医疗等领域，成为社会发展的新驱动力。大数据技术可以应用在销售领域，现今购物网站、购物 App 会根据用户的浏览轨迹、购物车里的商品、近期购买的商品等信息，分析并预测用户的购物偏好，进行智能推荐。大数据技术可以应用在金融领域，银行的征信系统会收集客户的基本信息，采用大数据技术分析客户的社交网络，以规避潜在信用风险。在医疗领域，大数据技术可以预测某些疾病发病的家族性、地区区域分布性等特性。在关于健康危险因素分析的研究中，利用大数据技术可以全面地收集健康危险因素数据，包括环境因素、生物因素、经济社会因素、个人行为和心理因素、医疗卫生服务因素，以及人类生物遗传因素等等，然后进行比对关联分析，针对不同区域、家族进行评估和遴选，预测疾病发病的风险因数。

6.3.1　新冠疫情的防控和预测

1. 大数据技术助力疫情防控

在新冠疫情面前，人们利用大数据技术，探索智能化的防控治理措施，实现快速监测管控，这为今后处置重大突发公共卫生事件提供了可借鉴的宝贵经验。如何实现防疫治理的智能化？主要是利用大数据技术快速提升疫情摸排防控效率，减少传播风险。

目前已有许多城市纷纷采用大数据技术进行智能化疫情防控。海南借助大数据平台统筹了全省海关、交通、公安等各个部门的数据，利用算法进行分析和预测，对输入性潜在风险人员进行识别和管控，实现了智能化精准防控。除了输入性应急防控以外，许多地区利用大数据技术实现了信息互通，提高了疫情监测预警能力。浙江嘉兴运用大数据加网格化技术，开发了疫情防控排查手机软件，推广至群众中广泛应用，全面掌握了人员的动态信息。重庆市两江新区第一时间依托社会治理信息系统“平安两江”，开发出入户摸排 App，提升社区摸排防控效率 50% 以上。

自新冠疫情暴发以来，防疫治理智能化体系在疫情防控的监测、预警、精准处置、科学决策全过程发挥了重要的支撑作用，不仅大幅度提升了疫情防控的效能，同时也使企业复工复产效率得到明显提高，使得国内生产生活秩序得到了有序的恢复，为经济社会的稳定和发展做出了显著贡献。

2. 大数据助力疫情预测

在抗击新冠疫情的过程中，国内高校及科研院所利用大数据算法对新冠疫情传播进行预测分析。有的学者采用算法模拟早期国内新冠疫情的暴发情况，并在该模型的基础上，预测疫情当前阶段的发展趋势；有的学者对武汉疫情防控期间的新冠疫情传播进行建模分析，利用大数据算法预测武汉未来疫情走势；有的学者根据国家卫生健康委员会疫情通报中的每日新确诊人数数据，不断改良和优化大数据算法，预测新确诊人数，预测结果与实际新确诊人数基本相同。

3. 大数据助力新冠医疗废物储运

疫情下，人们借助大数据技术实现对医疗废物的信息化储运。医疗废物属于高危废弃物，2020 年 1 月 28 日，我国生态环境部印发了《新型冠状病毒感染的肺炎疫情医疗废物应急处置管理与技术指南（试行）》，指导各地及时、有序、高效、无害化处置肺炎疫情医疗废物，规范肺炎疫情医疗废物应急处置的管理与技术要求。对医疗废物处置的管理在时间和空间上需要进行智能化的决策，医疗废物的智能化分类、处理处置的节点及相关通道也需要科学管理，医疗废物的日产生量及处理处置情况的实时数据需要相关管理人员及时掌控，这些需求都可以借助大数据技术得以实现，从而帮助各级主管部门和医疗废物处置部门提高管理水平、实现智能决策、达到精准处理的目的。

6.3.2　垃圾分类智能化

垃圾分类政策在各个城市广泛推进落地，面对每天巨大数量的垃圾，仅仅靠传统的人工分类是远远不够的。为了解决垃圾识别的人工成本高、效率低、难度大等困难，可利用大数据技术实现垃圾分类智能化。

（1）智能化垃圾分类管理系统

基于大数据的智能化垃圾分类管理系统能有效监督各类垃圾的分类管理情况。该系统可以对垃圾运输车辆进行全流程跟踪，一旦出现混运情况，系统可及时预警，快速进行处理。

此外，该系统汇聚了海量垃圾分类信息，包括社区的智能分类垃圾箱采集的居民垃圾分类数据等，对数据进行分析处理，得出垃圾分类的潜在信息，包括社区居民的垃圾分类意识强弱、垃圾分类执行的效果、管理过程中出现的薄弱环节等，从而可以对现有的垃圾分类的政策做出科学的分析和评价，加速推动垃圾分类管理的智能化与现代化，实现垃圾分类管理模式的进一步创新。

（2）基于大数据技术的智能垃圾箱

智能垃圾箱由垃圾分类操作台和若干个分类垃圾桶组成。操作台由显示器、摄像头、洗手台等设备构成。操作台显示器播放垃圾分类科普知识，供用户学习。摄像头会捕捉居民投放垃圾的画面，自动识别身份信息，从而做到垃圾来源的可追溯化。分类垃圾桶有自动识别传感器等基础硬件设施，当人们将垃圾投递到垃圾桶时，它们利用大数据自动识别技术，识别垃圾的特点，在某一类垃圾中更细致地进行分类，实现智能化末端垃圾分类。

这些智能垃圾箱有强大的后台大数据系统做支持，可实时掌握垃圾量和垃圾投递人员的信息。会将垃圾的类别、垃圾的收集以及垃圾的运输、末端处置等组成垃圾分类的大数据信息，这些信息是垃圾分类智能化技术的依托。

6.3.3 交通大数据保障畅通出行

目前，交通大数据主要应用在两个方面：一方面是利用大数据传感器数据来了解车辆通行密度，合理进行道路规划，包括单行线路规划；另一方面是利用大数据来实现即时信号灯调度，提高已有线路运行能力。科学地安排信号灯是一个复杂的系统工程，通过大数据平台能计算出一个较为合理的方案，将会提高 30% 左右已有道路的通行能力。在美国，政府依据某一路段的交通事故信息来增设信号灯，降低了 50% 以上的交通事故发生率。机场的航班起降依靠大数据将会提高航班管理效率，航空公司利用大数据还可以提高上座率、降低运行成本。铁路利用大数据可以有效安排客运和货运列车，提高效率、降低成本。

近年来，我国的智能交通已实现了快速发展，许多技术都达到了国际领先水平。但问题和困境也非常突出，从各个城市的发展状况来看，智能交通的潜在价值还没有得到有效挖掘：对交通信息的感知和收集有限，对存在于各个管理系统中的海量数据无法共享运用、有效分析，对交通态势的研判及预测乏力，对公众的交通信息服务很难满足需求。这些虽然有各地在建设理念、投入上的差异，但是整体上智能交通的现状是效率不高，智能化程度不够，使得很多先进技术设备发挥不了应有的作用，也造成了大量投入上的资金浪费。这其中很重要的问题是小数据时代带来的硬伤：从模拟时代带来的管理思想和技术设备只能进行一定范围的分析，而管理系统的那些关系型数据库只能刻板地分析特定的关系，对于海量数据尤其是半结构、非结构数据无能为力。

尽管现在已经基本实现了数字化，但是数字化和数据化在根本上是不一样的，只是局部提高了采集、存储和应用的效率，本质上并没有太大的改变。而大数据时代的到来必然带来破解难题的重大机遇。大数据必然要求我们改变小数据条件下一味的精确计算，而是更好地面对混杂，把握宏观态势；大数据必然要求我们不再热衷因果关系而是相关关系，使得处理海量非结构化数据成为可能；也必然促使我们努力把一切事物数据化，最终实现管理的便捷、高效。

6.3.4 农牧大数据助力量化生产

大数据在农业领域的应用主要是指依据未来商业需求的预测来进行农牧产品的生产，降低菜贱伤农的概率。同时，大数据的分析将会更精确地预测未来的天气气候，帮助农牧民做好自然灾害的预防工作。大数据同时也会帮助农民依据消费者的消费习惯来决定增加哪些品种的种植，提高单位种植面积产值的同时，有助于快速销售农产品，完成资金回流；牧民可以通过大数据分析来安排放牧范围，有效利用牧场；渔民可以利用大数据安排休渔期、定位捕鱼范围等。

由于农产品不容易保存，因此合理种植和养殖十分重要。如果没有规划好，容易产生菜贱伤农的悲剧。过去出现的猪肉过剩、卷心菜过剩、香蕉过剩的原因就是没有规划好。借助于大数据提供的消费趋势报告和消费习惯报告，政府将为农牧业生产提供合理引导，建议依据需求进行种植和养殖，避免产能过剩，造成不必要的资源和社会财富浪费。农业关乎国计民生，科学的规划将有助于农业发展。大数据技术可以帮助政府实现农业的精细化管理，实现科学决策。

6.3.5　食品大数据保证舌尖上的安全

民以食为天，食品安全问题一直是国家重点关注的问题，它关系着人们的身体健康和国家安全。

随着科学技术和生活水平的不断提高，食品添加剂及食品品种越来越多，传统手段难以满足当前复杂的食品监管需求，从出现的食品安全问题来看，食品监管成了保障食品安全行之有效的方法。通过大数据技术将海量数据聚合在一起，将离散的数据需求聚合形成数据长尾，从而可以满足曾经难以实现的诉求。在数据驱动下，采集人们在互联网上提供的举报信息，政府可以掌握部分乡村和城市的死角信息，挖出不法加工点，提高执法透明度，降低执法成本。参考医院提供的就诊信息，分析出涉及食品安全的信息，及时进行监督检查，第一时间进行处理，可以降低已有不安全食品的危害。参考个体在互联网的搜索信息，掌握流行疾病在某些区域和季节的爆发趋势，可以及时进行干预，降低其流行危害。通过大数据技术，政府可以掌握不安全食品厂商信息、不安全食品信息，帮助人们提高食品安全意识。

大数据不仅能带来商业价值，亦能产生社会价值。随着信息技术的发展，食品监管也面临着各种类型的海量数据，如何从中提取有效数据成为关键所在。同时，大数据管理也面临着巨大挑战：一方面，要及时提取数据以满足食品安全的监管需求；另一方面，需在数据的潜在价值与个人隐私之间进行平衡。相信大数据管理在食品监管方面的应用，可以为食品安全撑起一把有力的保护伞。

6.4　项目实践：某平台线上超市全年销售数据分析

我国近几年电子商务发展非常迅猛，大到各类电商平台，小到各种卖家店铺。作为电商从业者，不仅要关注产品、市场和营销情况，更需要关注一些数据所反映的问题，进而在这些数据里发现问题并制定出相应的解决方案。利用数据驱动决策是目前电商运营中的新方法。整个行业也产生了一些普遍被关注的通用指标，如商品集中度、商品动销率、库销比、客户重合度、新老顾客占比、各项转化率、重复购买率等。商家将目标锁定在商品的转化、供需、顾客的复购、商品火爆度等关注点上，从而实现利润的最大化。

6.4.1 提出问题

对于线上超市来说，每天都会产生非常庞大的数据，对这些数据做到合理的利用，可以有效规避风险，创造更大的价值。本项目实践将使用 Python 语言，对某平台线上超市的全国销售数据进行数据可视化及数据分析，挖掘数据背后的信息，为利润最大化提供决策支持。

6.4.2 分析问题

本项目实践是根据某平台线上超市一段时间内的全国销售数据进行分析。首先，确定哪些是值得分析的问题。

1）全国各大区销售额占比。

2）全国各大区下属省份销售额占比。

3）全国各大区利润情况。

4）全国各大区下属省份利润情况。

5）全国各大区下属省份利润率情况。

6）对问题 1）~5）得到的可视化结果进行数据分析。

待处理问题的核心是使用 Python 语言和销售数据完成数据可视化，并根据可视化结果进行数据分析。

6.4.3 相关知识

1. 可视化工具

目前常用的大数据可视化工具分为编程类可视化工具和非编程类可视化工具。

（1）编程类可视化工具

常见的编程类可视化工具包括 Python、ECharts、R 等，需要使用者具备一定的编程基础。

1）利用 Python 实现数据可视化。

利用 Python 实现数据可视化需调用多个库，本项目实践中主要用到两个库，分别是 matplotlib 库和 NumPy 库。

matplotlib 库是一个 Python 的 2D 绘图库，是受 MATLAB 的启发构建的。MATLAB 是在数据绘图领域中被广泛使用的语言和工具。MATLAB 语言是面向过程的，MATLAB

中可以轻松利用一行命令来绘制直线，再利用一系列函数来调整结果。在 matplotlib.pyplot 模块内，matplotlib 库有一套完全仿照 MATLAB 的函数形式的绘图接口。通过 matplotlib 库，开发者可以仅使用几行简单的代码就生成直方图、条形图、饼状图、散点图、正弦曲线等，并以各种硬拷贝格式和跨平台的交互式环境生成打印级别的可视化图形。

NumPy 库是一个开源的 Python 科学计算基础库，支持大量的维度数组与矩阵运算，此外，也针对数组运算提供大量的数学函数库，诸如 TensorFlow、PyTorch 等知名框架也是基于 NumPy 进行计算的，可见其重要性。NumPy 使用起来非常方便，能够快速地进行矩阵运算。由于 NumPy 的底层是通过 C++ 语言实现的，速度比 Python 要快得多。同样的矩阵运算，在 Python 中使用循环实现的速度比 NumPy 要慢得多。因此，在进行数据可视化处理数据时，利用 Python 语言调用 NumPy 是最好的选择。

2）ECharts。

ECharts 是一款基于 JavaScript 的数据可视化图标库，提供直观、生动、可交互、个性化定制的数据可视化图表。它能够兼容当前绝大部分的浏览器（如 IE 8/9/10/11、Chrome、Firefox、Safari 等）及多种设备。

3）R 语言。

R 语言是用于统计分析、绘图的语言和操作环境，语法通俗易懂、易于掌握，用于完整体系的数据分析工具，为数据可视化提供了强大的图形功能，制图具有印刷级别的质量，支持加入各种数学符号。

（2）非编程类可视化工具

常见的非编程类可视化工具包括 WPS、魔镜数据平台等。

1）WPS。

WPS 是由金山公司开发的办公软件套装，拥有直观的界面、出色的计算功能和图表工具，能够实现对数据的可视化处理。

2）魔镜数据平台。

魔镜是由国云公司研发的一款线上数据平台，支持 Excel、数据库文件、大数据集群等数据格式。用户导入数据即可在平台上完成各类数据可视化操作。

2. 数据可视化常用图表

（1）折线图

折线图是比较常见的数据可视化图表，可以显示随时间而变化的数据，适用于查看或比较在相等时间间隔下每组数据的趋势和走向。

（2）柱形图

柱形图又称长条图、柱状图、条状图、棒形图，是一种以长方形的长度为变量的统计图表，用来比较两个或以上的价值（不同时间或者不同条件），只有一个变量，通常用于较小的数据集分析。柱形图也可横向排列，或用多维方式表达。

（3）饼状图

饼状图用于显示一个数据系列中各项的大小及其占总和的比例，饼状图中的数据点显示为整个饼状图中的百分比。常用的饼状图基本类型包括二维饼状图、三维饼状图、复合条饼状图和分离型三维饼状图。

（4）面积图

面积图又称区域图，强调数量随时间而变化的程度，也可以用于引起使用者对总体趋势的注意。通过显示所绘制的值的总和，面积图还可以显示部分与整体之间的关系。常用的面积图类型包括二维图（面积图、堆积面积图、百分比堆积面积图）和三维图（三维簇状面积图、三维堆积面积图、三维百分比堆积面积图）。

（5）散点图

散点图是数据点在直角坐标系平面上的分布图。散点图可以表示因变量随自变量而变化的大致趋势，据此可以选择合适的函数对数据点进行拟合。不仅如此，散点图还可以考察坐标点的分布，判断两变量之间是否存在某种关联或总结坐标点的分布模式。散点图将序列显示为一组点，值由点在图表中的位置表示，类别由图表中的不同标记表示，通常用于比较跨类别的聚合数据。常用的散点图包括散点图矩阵、三维散点图、ArcGIS 散点图。

（6）气泡地图

气泡地图以一个地图轮廓为背景，用附着在地图上的气泡来反映相关数据的大小，还可以直观地显示国家或地区的相关数据指标大小和分布范围。它多用于空间分布的数据展示，适合带有地理位置信息的数据集展现，展现的通常是以某个地区为单位的汇总的连续信息等。通过图形的位置来表现数据的地理位置，将数据在不同地理位置上的分布通过气泡映射在地图上。

（7）矩形树图

矩形树图也叫矩形式树状结构图，用于层次结构的数据可视化。树状图通过“树杈”连接起具有层级关系的数据，展示上下级、同级的数据关系。矩形树图把具有层次关系的数据可视化为一组嵌套的矩形，它直观地以面积表示数值，以颜色表示类目。所有矩形的面积之和表示整体的大小，各个小矩形的面积表示每个子项的占比，矩形面积越大，表示子数据在整体中的占比越大，擅长可视化带权重的数据关系。

6.4.4 解决问题

1. 任务 1：制作全国各大区销售额占比图

（1）任务分析

任务 1 的主要目的是将全国各大区（东北、华北、西南、华东、中南、西北）的销售额占全国总销售额的比例，通过 Python 语言以饼状图的方式进行数据可视化。可将其分解为如下几步，并逐一实现。

1）解决乱码。

在数据可视化的过程中，无论是图表名称还是 X 轴和 Y 轴的命名，都不可避免地会出现中文，如果不对其进行处理，在图表中可能会出现各种乱码，影响最终效果。故使用 Python 进行数据可视化前，要对中文乱码进行设置。

2）数据录入。

在进行数据可视化前，一定要将数据录入到程序中。录入的方式有两种，分别是外部导入和手工录入。由于任务 1 的数据量少，这里采用手工录入的方式。

3）计算百分比。

由于饼状图用于显示不同部分占整体的比例，故需要对百分比提前计算。计算方式包含两种：在数据结构简单的情况下，可以使用 Python 中的循环语句完成计算；当数据结构较复杂时，建议调用 NumPy 库中的方法进行计算，这样更有效率。任务 1 中的数据结构为一个简单的一维列表，此处利用循环语法完成百分比的计算。

4）绘制饼状图。

使用 matplotlib.pyplot 模块中的 pie 方法即可完成饼状图的绘制。需要注意的是，在调用 pie 方法时，方法中参数的指定要一一对应。除此之外，pie 方法还支持百分比的精确位数及突出显示饼状图中的某块扇形区域，使数据可视化效果达到最佳。

5）显示和保存。

绘制好的数据可视化结果可以直接显示在 PyCharm 中，也可以保存到指定路径。在保存的过程中可以根据实际需要对像素进行设置。

（2）任务实施

任务 1 的具体实现代码如下所示。

```
import matplotlib.pyplot as plt
# 解决中文显示问题
plt.rcParams['font.sans-serif'] = ['SimHei']
plt.rcParams['axes.unicode_minus'] = False
amount = [2960463.338, 914353.552, 5299796.908, 4820378.486, 1400761.236,
```

```
        2878354.234]
total = 0
for i in amount:
        total += i
ratio = [amount[0]/total, amount[1]/total, amount[2]/total, amount[3]/
       total, amount[4]/total, amount[5]/total]
labels = [ '东北', '西北', '华东', '中南', '西南', '华北']
# explode：显示饼状图中突出的部分
explode = [0, 0, 0, 0, 0, 0]
plt.pie(x=ratio,
          labels=labels,
          autopct= '%.2f%%',
          explode=explode)
plt.title( '全国各大区销售额占比')
plt.savefig( 'C:\\Users\\49478\\Desktop\\1.jpg ', dpi=900)
```

（3）结果显示

任务 1 的代码运行结果如图 6-1 所示。

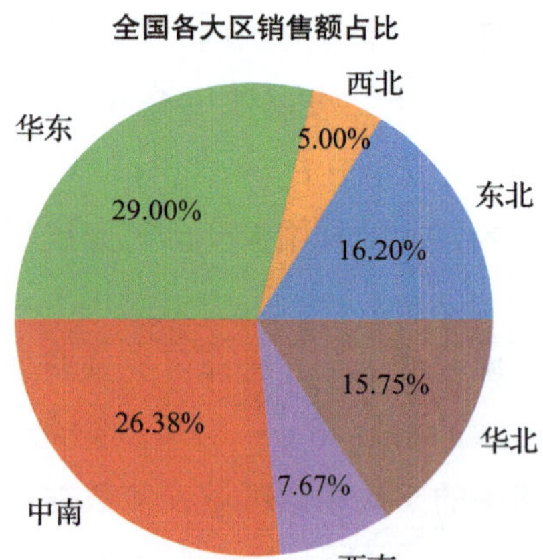

图 6-1　全国各大区销售额占比图

2. 任务 2：制作全国各大区下属省份销售额占比图

（1）任务分析

任务 2 的主要目的是显示全国各大区（东北、华北、西南、华东、中南、西北）下属省份的销售额占本大区总销售额的比例。利用 Python 语言制作饼状图实现该任务。可将任务 2 分解为如下几步，并逐一实现：解决乱码、数据录入、计算百分比、绘制饼状图、显示和保存。各步骤实现方法参照任务 1。

（2）任务实施

下面以华北大区为例进行讲解，其他大区下属省份的销售额占比图根据各大区的省份及销售额差异，修改列表 labels、amount 和 ratio 即可。

华北大区下属省份销售额占比图的具体实现代码如下所示。

```
import matplotlib.pyplot as plt
# 解决中文显示问题
plt.rcParams['font.sans-serif'] = ['SimHei']
plt.rcParams['axes.unicode_minus'] = False
amount = [409147.2, 549906.63, 790915.405, 423878.77, 273453.012]
total = 0
for i in amount:
        total += i
ratio = [amount[0]/total, amount[1]/total, amount[2]/total, amount[3]/
       total, amount[4]/total]
labels = ['北京', '天津', '河北', '山西', '内蒙古']
# explode: 显示饼状图中突出的部分
explode = [0, 0, 0, 0, 0]
plt.pie(x=ratio,
          labels=labels,
          autopct='%.2f%%',
          explode=explode)
plt.title('华北大区各省份销售额占比')
plt.savefig('C:\\Users\\49478\\Desktop\\1.jpg', dpi=900)
```

（3）结果显示

任务 2 的运行结果如图 6-2~ 图 6-7 所示。

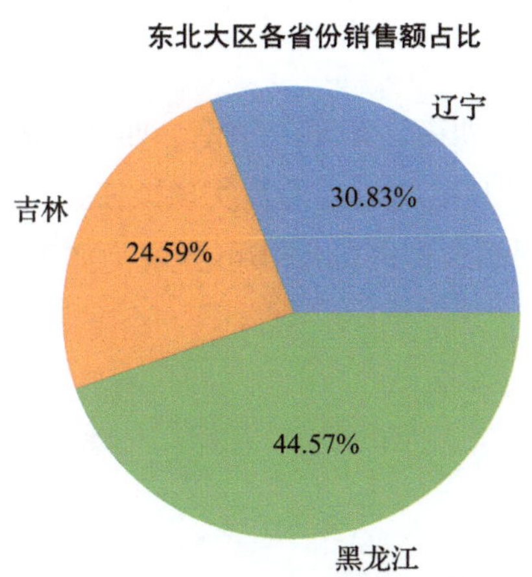

图 6-2　东北大区下属各省份销售额占比图

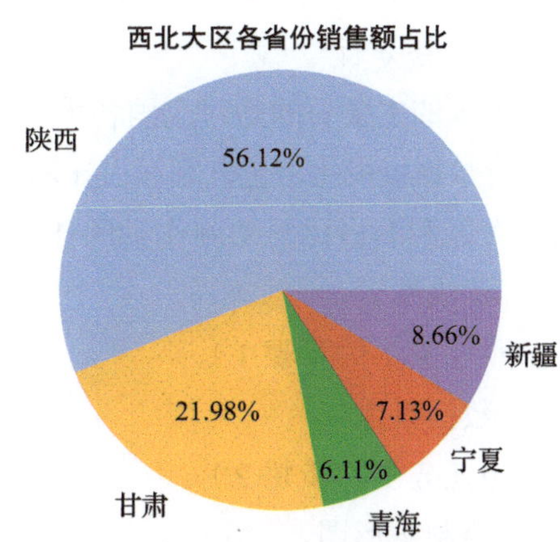

图 6-3　西北大区下属各省份销售额占比图

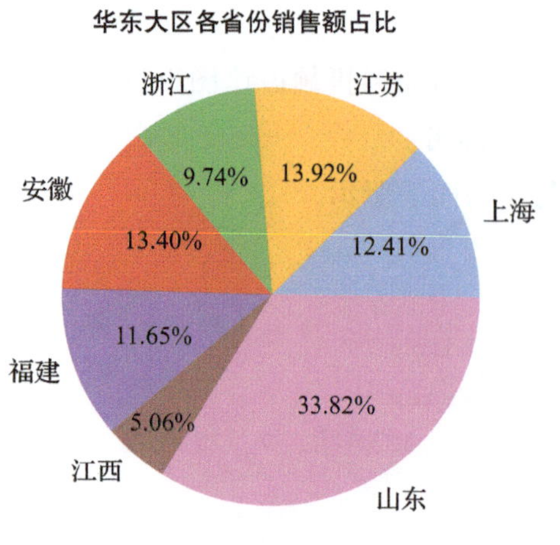

图 6-4　华东大区下属各省份销售额占比图

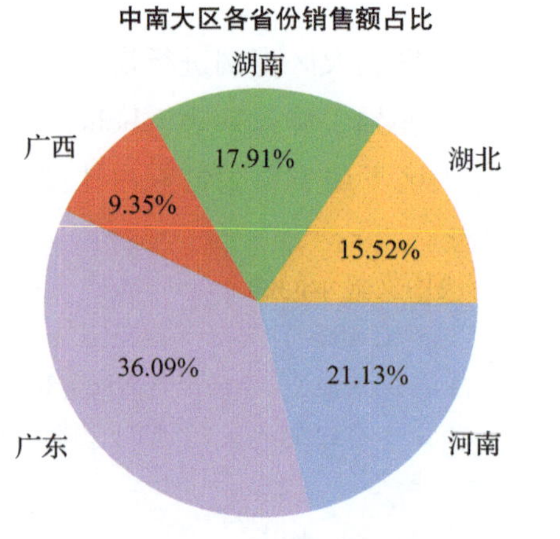

图 6-5　中南大区下属各省份销售额占比图

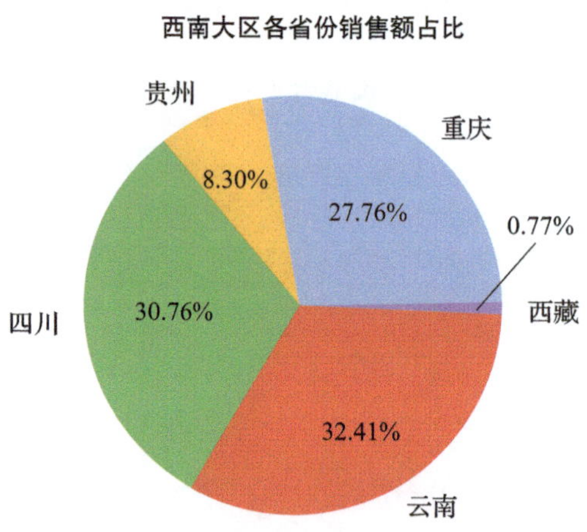

图 6-6　西南大区下属各省份销售额占比图

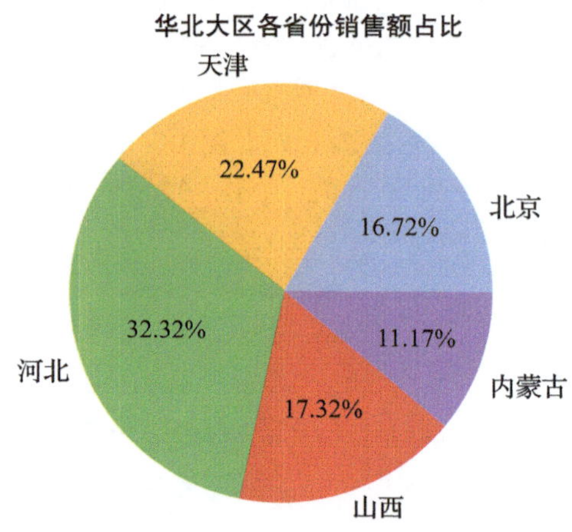

图 6-7　华北大区下属各省份销售额占比图

3. 任务 3：实现全国各大区利润情况可视化

（1）任务分析

任务 3 的主要目的是对全国各大区（东北、华北、西南、华东、中南、西北）的利润情况进行数据可视化，包含利润占比图和利润条形图。利用 Python 语言实现该任务。其中，全国各大区利润占比图的制作参照任务 1 的步骤，利润条形图的制作可分解为如下几步。

1）解决乱码。

参照任务 1 的步骤 1）。

2）数据录入。

参照任务 1 的步骤 2）。

3）绘制条形图。

使用 matplotlib.pyplot 模块中的 bar 方法即可完成条形图的绘制，绘制过程中会根据大区的数量自动调节两个条形之间的宽度。需要注意的是，在调用 bar 方法时，方法中参数的指定要一一对应，并且对每个刻度中的不同类数据，其颜色的选择要有一定的区分度，尤其是相邻的类别尽量不要使用相近的颜色，以免影响数据可视化效果。

4）显示和保存。

参照任务 1 的步骤 5）。

（2）任务实施

全国各大区利润占比图的具体实现代码如下所示。

```
import matplotlib.pyplot as plt
import numpy as np
# 解决中文显示问题
plt.rcParams[ 'font.sans-serif ' ] = [ 'SimHei ' ]
plt.rcParams[ 'axes.unicode_minus ' ] = False
amount = [249239.949, 98803.236, 607331.914, 672494.473, 97636.728, 431053.217]
total = 0
for i in amount:
        total += i
ratio = [amount[0]/total, amount[1]/total, amount[2]/total, amount[3]/
       total, amount[4]/total, amount[5]/total]
labels = [ '东北 ', '西北 ', '华东 ', '中南 ', '西南 ', '华北 ']
# explode: 显示饼状图中突出的部分
explode = [0, 0, 0, 0, 0, 0]
plt.pie(x=ratio,
           labels=labels,
           autopct= '%.2f%% ',
           explode=explode)
plt.title( '全国各大区利润占比 ')
plt.savefig( 'C:\\Users\\49478\\Desktop\\1.jpg ', dpi=900)
```

全国各大区利润条形图的具体实现代码如下所示。

```
import matplotlib.pyplot as plt
# 解决中文显示的问题
plt.rcParams[ 'font.sans-serif ' ] = [ 'SimHei ' ]
plt.rcParams[ 'axes.unicode_minus ' ] = False
waters = ( '东北 ', '西北 ', '华东 ', '中南 ', '西南 ', '华北 ')
buy_number = [249239.949, 98803.236, 607331.914, 672494.473, 97636.728,
             431053.217]
bar_list = plt.bar(waters, buy_number)
bar_list[0].set_color( 'r ')
```

```
bar_list[1].set_color( 'g ')
bar_list[2].set_color( 'y ')
bar_list[3].set_color( 'b ')
bar_list[4].set_color( 'pink ')
plt.title( '全国各大区利润情况 ')
plt.savefig( 'C:\\Users\\49478\\Desktop\\1.jpg ', dpi=900)
```

（3）结果显示

全国各大区利润占比图如图 6-8 所示。

全国各大区利润条形图如图 6-9 所示。

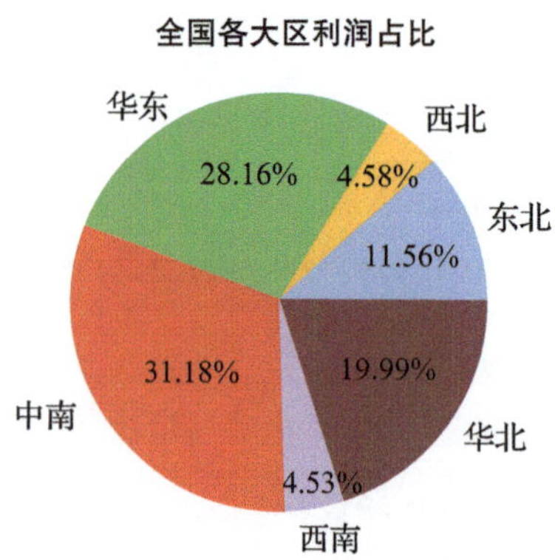

图 6-8　全国各大区利润占比图

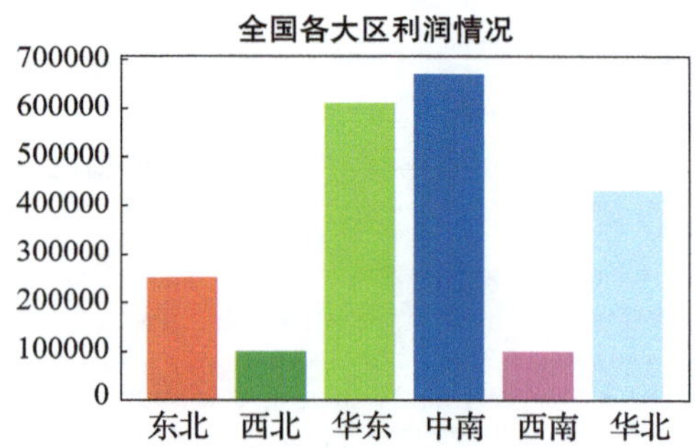

图 6-9　全国各大区利润条形图

4. 任务 4: 全国各大区下属省份利润情况可视化

（1）任务分析

任务 4 的主要目的是通过绘制条形图，显示全国各大区下属省份的利润情况。利用 Python 语言制作条形图实现该任务。可将任务 4 分解为如下几步，并逐一实现。

1）解决乱码。

参照任务 1 的步骤 1）。

2）数据录入。

参照任务 1 的步骤 2）。

3）绘制条形图。

参照任务 3 的步骤 3）。

4）显示和保存。

参照任务 3 的步骤 4）。

（2）任务实施

下面以东北大区为例进行讲解，其他大区的下属省份利润条形图，通过更改列表 provinces、profits 的省份及具体利润值即可。

东北大区下属省份利润条形图的具体实现代码如下所示。

```
import matplotlib.pyplot as plt
# 解决中文显示问题
plt.rcParams[ 'font.sans-serif' ] = [ 'SimHei' ]
plt.rcParams[ 'axes.unicode_minus' ] = False
provinces = ( '辽宁', '吉林', '黑龙江')
profits = [-175018.256 , 160037.703, 264220.502]
bar_list = plt.bar(provinces, profits)
bar_list[0].set_color( 'r' )
bar_list[1].set_color( 'g' )
bar_list[2].set_color( 'y' )
plt.title( '东北大区各省份利润情况' )
plt.savefig( 'C:\\Users\\49478\\Desktop\\1.jpg' , dpi=900)
```

（3）结果显示

任务 4 的各大区利润条形图如图 6-10~ 图 6-15 所示。

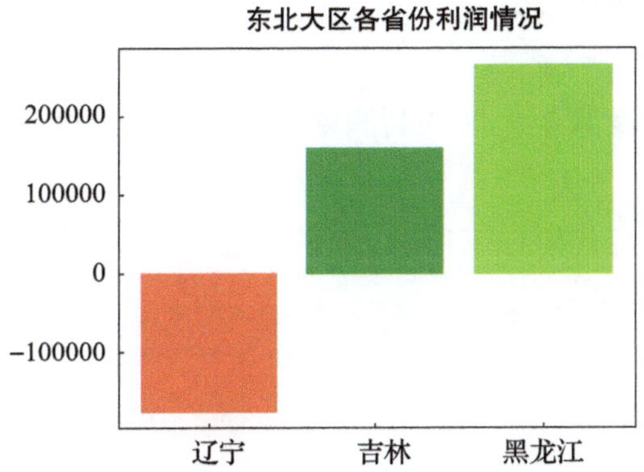

图 6-10　东北大区下属各省份利润条形图

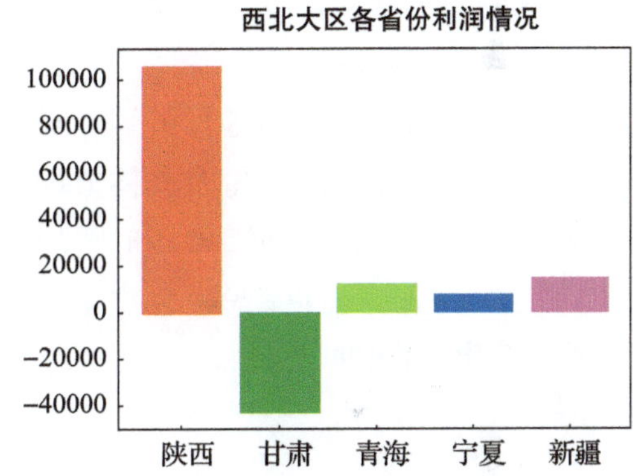

图 6-11　西北大区下属各省份利润条形图

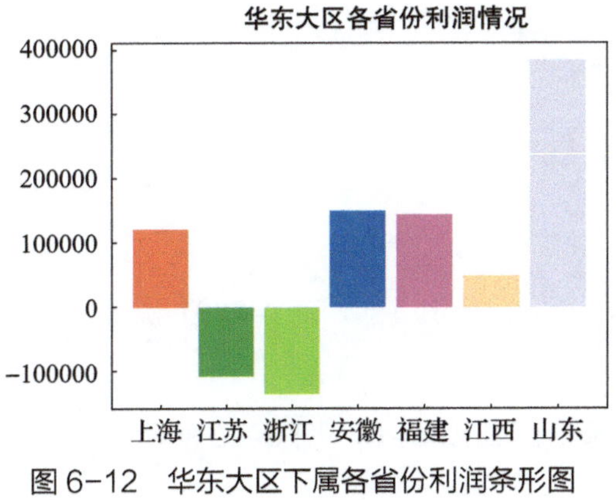

图 6-12　华东大区下属各省份利润条形图

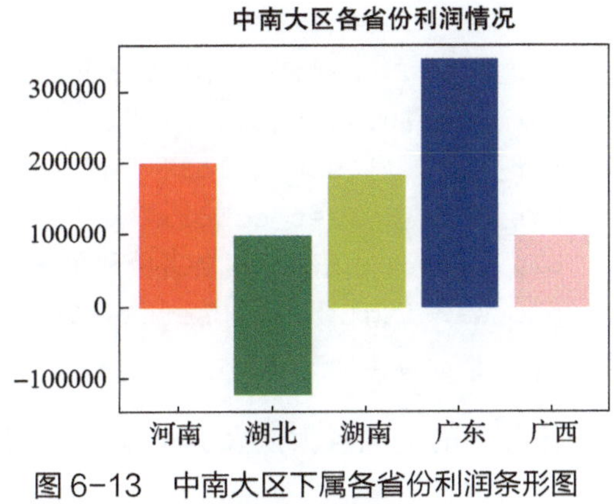

图 6-13　中南大区下属各省份利润条形图

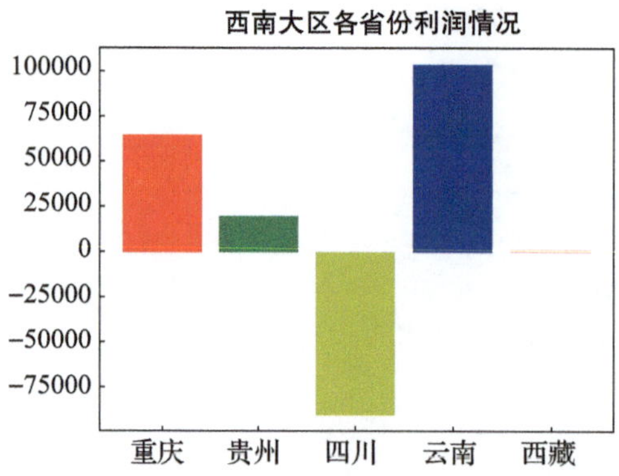

图 6-14　西南大区下属各省份利润条形图

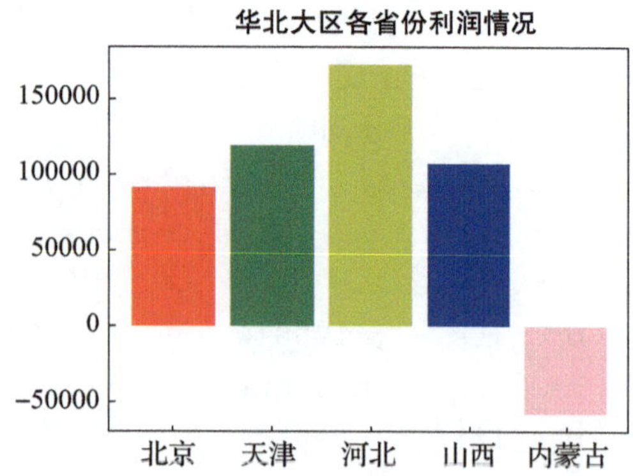

图 6-15　华北大区下属各省份利润条形图

5. 任务 5：实现全国各大区及其下属省份利润率情况可视化

（1）任务分析

任务 5 的主要目的是通过绘制条形图，显示全国各大区及其下属省份的利润率的情况。利润率与利润不同，它能够反映一个企业或一个行业的经营效率。利用 Python 语言制作条形图实现该任务。任务 5 的实现步骤参照任务 4。

（2）任务实施

下面以东北大区为例进行讲解，对于全国及其他大区的利润率条形图，通过更改列表 provinces、profits 的省份及具体值即可。

东北大区下属省份利润率条形图的具体实现代码如下所示。

```
import matplotlib.pyplot as plt
# 解决中文显示的问题
plt.rcParams['font.sans-serif'] = ['SimHei']
plt.rcParams['axes.unicode_minus'] = False
proVinces = ('辽宁', '吉林', '黑龙江')
profits = [-175018.256 / 835974.664, 160037.703 / 666791.643, 264220.502 / 
        1208457.082]
bar_list = plt.bar(proVinces, profits)
bar_list[0].set_color('r')
bar_list[1].set_color('g')
bar_list[2].set_color('y')
plt.title('东北大区各省份利润率情况')
plt.savefig('C:\\Users\\49478\\Desktop\\1.jpg', dpi=900)
```

（3）结果显示

任务 5 的全国各大区及其下属省份利润率条形图如图 6-16~ 图 6-22 所示。

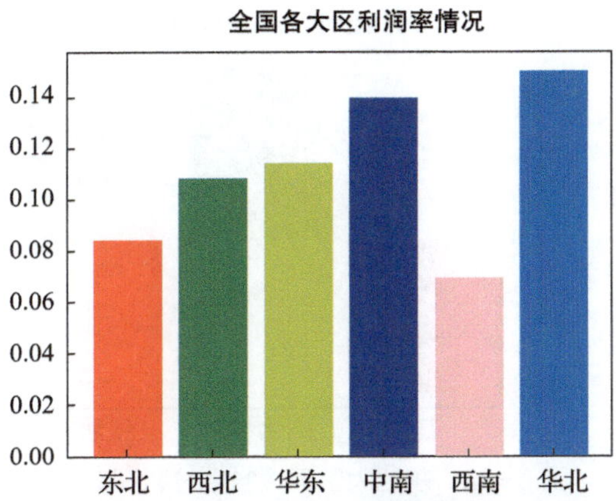

图 6-16　全国各大区利润率条形图

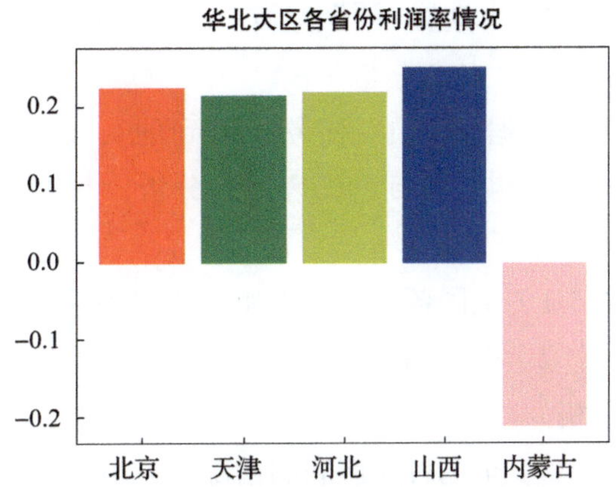

图 6-17　华北大区下属各省份利润率条形图

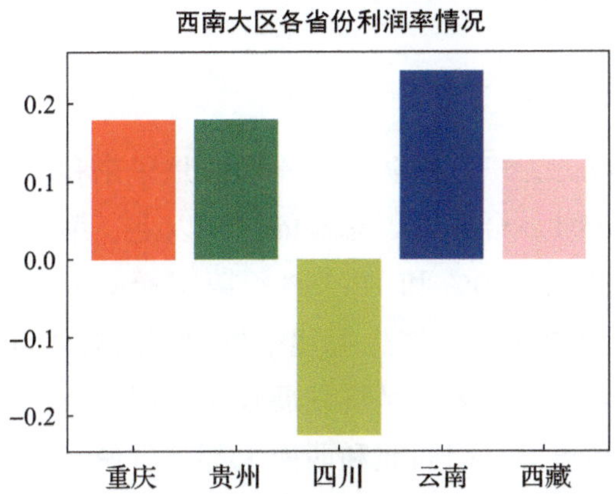

图 6-18　西南大区下属各省份利润率条形图

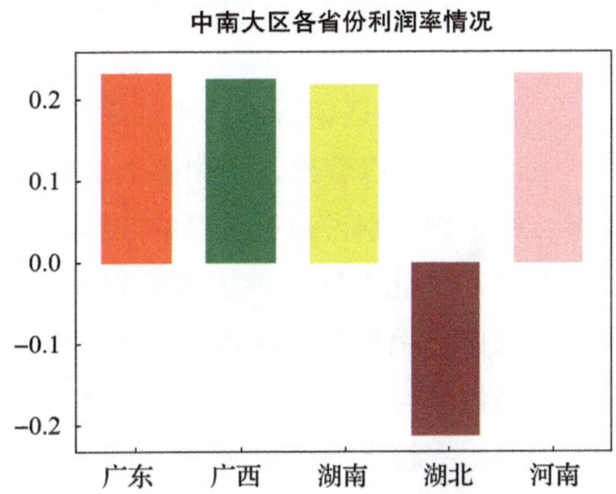

图 6-19　中南大区下属各省份利润率条形图

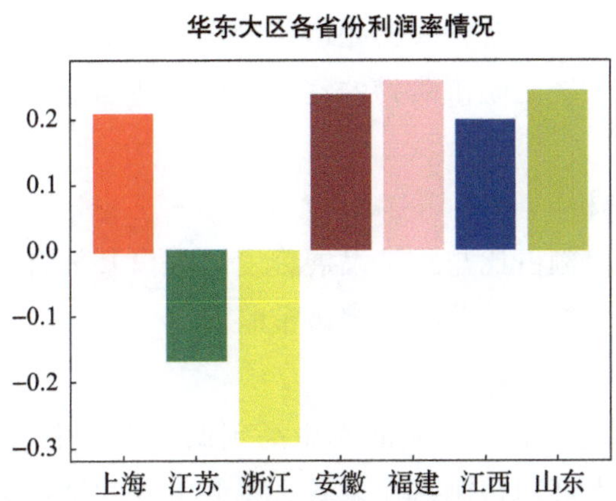

图 6-20　华东大区下属各省份利润率条形图

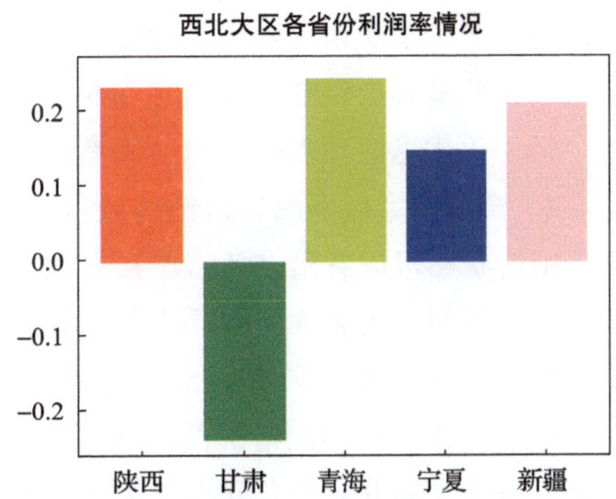

图 6-21　西北大区下属各省份利润率条形图

6. 任务 6：数据分析

（1）任务分析

根据任务 1~ 任务 5 得到的可视化结果，本任务将对得到的图表进行分析，其中包含如下 5 个子任务：

1）全国各大区销售额占比结果分析。

2）全国各大区下属省份销售额占比结果分析。

3）全国各大区利润情况结果分析。

4）全国各大区下属省份利润情况结果分析。

5）全国各大区及下属省份利润率情况结果分析。

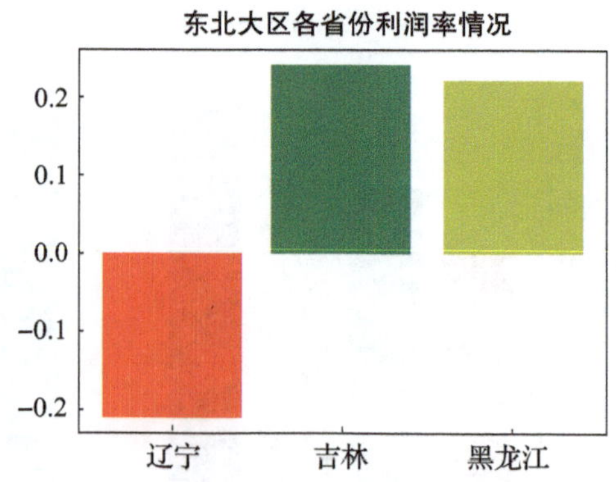

图 6-22　东北大区下属各省份利润率条形图

（2）任务实施

1）全国各大区销售额占比结果分析。

由饼状图可以看出，全国各大区的销售额可分为三个梯队：第一梯队是华东和中南大区，销售额分别占销售总额的 29.00% 和 26.38%，合计占了总额的一半以上；第二梯队为东北和华北大区，销售额分别占总销售额的 16.20% 和 15.75%；第三梯队为西北和西南大区，销售额分别占总销售额的 5.00% 和 7.67%。产生上述结果的原因有两点：第一，销售额与地区经济发展有较大关系。华东、中南大区经济发展较快，国民可支配收入较多，有较高的消费能力，能产生更多的销售额。而西北和西南大部分省份经济处于转型期，可支配收入有限，总体销售额较低。第二，华东、中南、东北及华北大区的居民更容易接受线上超市的购买模式，将线上购买作为日常购物的首选。而西北和西南大区的居民由于受地理限制、无法配送等原因，并没有将线上超市购物作为日常生活的首选。在此基础上，考虑在西北和西南大区加大线上超市购物的宣传力度，适当推出满减、折扣等优惠活动吸引当地居民参与进来。

2）全国各大区下属省份销售额占比结果分析。

由饼状图可以看出，各省份在本大区的销售额占比与经济发展程度、人口基数有较大关系。针对全国各大区不同省份的具体情况，应实施差异化销售策略。

3）全国各大区利润情况结果分析。

由全国各大区利润情况的饼状图和条形图可以看出，利润额由高到低分别是中南、华东、华北、东北、西北和西南大区。结合各大区销售额占比来看，东北大区的销售额占比与利润占比相差较大，需要对销售策略、促销形式、售卖商品类别进行全面复盘。

4）全国各大区下属省份利润情况结果分析。

由全国各大区下属省份利润条形图可以发现，亏损情况由重到轻分别为辽宁、浙江、湖北、江苏、四川、内蒙古和甘肃。结合销售额占比来看，除内蒙古和甘肃销售额较低外，辽宁、浙江、湖北、江苏和四川的销售额均较高，说明这四个省份售卖的某些商品存在赔钱的状态，出现卖得越多赔得越多的情况。有可能是在促销活动中某商品在折价后销售量较大，且折价后低于进价。当务之急是排查所有销售商品，将亏损较大的商品下架，对促销活动中涉及的折扣商品要进行严格的成本把控，将亏损降低在可控范围内。

5）全国各大区及其下属省份利润率情况结果分析。

从全国各大区及其下属省份利润率条形图来看，各大区利润率由高到低依次是华北、中南、华东、西北、东北、西南。各大区利润率最高的省份分别是吉林（东北）、山西（华北）、云南（西南）、广东（中南）、福建（华东）、青海（西北）。利润率是一个企业经营效率的体现，利润率高说明耗费最少的成本获得最大的利润。可以让利润率较低的大区或省份到利润率高的大区或省份进行观摩学习，从管理到销售，提升自身盈利能力。

课后习题

一、选择题

1. 以下不属于大数据特点的是（　　）。

   A. 速度快　　B. 数量大　　C. 种类多　　D. 费用贵

2. 使用 Python 实现数据可视化前，必须导入（　　）模块。

   A. matplotlib　　B. pymysql　　C. os　　D. random

3. （　　）方法用于显示可视化图表。

   A. show()　　B. list()　　C. save()　　D. split()

4. （　　）方法用于保存可视化图表。

   A. savefig()　　B. save()　　C. show()　　D. find()

5. 属性 xlabel 用于设置可视化图表的（　　）部分。

   A. 横坐标刻度　　B. 横坐标名称　　C. 纵坐标刻度　　D. 纵坐标名称

6. 数据可视化时，为表现变化趋势最好使用（　　）。

   A. 折线图　　B. 饼图　　C. 柱形图　　D. 面积图

7. 数据可视化时，为表现占有比例最好使用（　　）。

   A. 折线图　　B. 饼图　　C. 柱形图　　D. 面积图

二、实训题

请使用饼状图实现任务 5，对比后进行数据分析。

第7章 机器学习与分类

学习目标

近年来，机器学习和大数据领域技术的突破性进展使人工智能急速回温，训练计算机模拟甚至实现人类的学习行为成为目前人工智能领域的热门研究课题之一。从1997年“深蓝”战胜国际象棋世界冠军Kasparov，到2017年AlphaGo战胜我国围棋世界冠军柯洁，机器学习的发展与进步有目共睹。那么，计算机是如何具备像人一样的学习能力，进而从堆积如山的数据中寻找出有用的知识呢？本章将带领读者一起探寻机器学习的奥秘，介绍机器学习的概念、原理及发展历程，重点讲解机器学习中分类算法的设计、原理及代码实现。

知识目标

1）了解机器学习的概念及原理。

2）了解机器学习的发展历程。

3）了解机器学习中分类的应用。

技能目标

1）能够熟练掌握常用分类器的基本原理。

2）能够熟练完成KNN分类算法的算法设计。

3）能够熟练完成KNN算法的Python实现。

7.1 案例导入：房价预估

住房是每个人都绕不开的热门话题。在互联网时代，旺盛的住房需求催生出一批二手房网络交易平台。人们可以将自己闲置的房产挂在二手房交易平台出售，而如何准确预估自己待售的房产对于业主而言十分关键。如果房屋标价过低，虽然房屋能够很快出售，但要承受差价的损失；如果房屋标价过高，则无人问津，久而久之即便降价也无人过问。由此可见，房价预估对售房者的重要性。影响房价的因素很多，为了使案例简单易懂，此处仅选取面积作为房价预估的影响因素，为读者展示如何使用机器学习算法帮助售房者预估房价。

以某三线城市为例，首先收集市面上已经成功售出房屋的面积和价格信息，见表 7–1。

表 7–1　已售房屋面积和售价对应表

房屋面积（m^2）	房屋售价（万元）
90.2	88
83	85
98	81
94	83.5
104	140
108.5	115
102	108
66.3	49.8
57	50
58	41
…	…

在机器学习中，上表中的已知数据样本称作训练集，用于训练房价预估模型。将训练集数据提供给机器学习算法，机器学习算法的任务是生成一个函数 h，即假设函数。该假设函数的作用是将房屋面积作为输入变量（x），并输出相应房屋的预估售价（y）。它是一个引导从 x 到 y 的函数。本案例中机器学习的工作流程如图 7–1 所示。

假设 m 为训练集中的样本个数；x 代表输入变量，也称为特征，在本案例中为房屋面积；y 代表输出结果，本案例中为预估的房屋售价。则 (x, y) 为一组训练数据，$(x(i),y(i))$ 为第 i 组训练数据。将训练数据映射到二维坐标系，找到可以拟合坐标系内训练集数据点的假设函数即可，如图 7-2 所示。

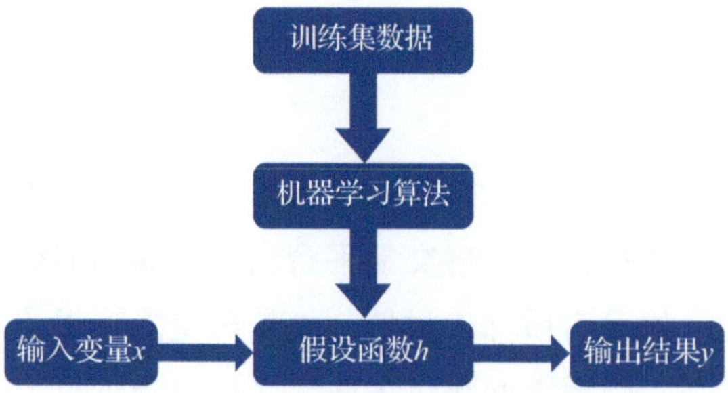

图 7-1　房价预估工作流程图

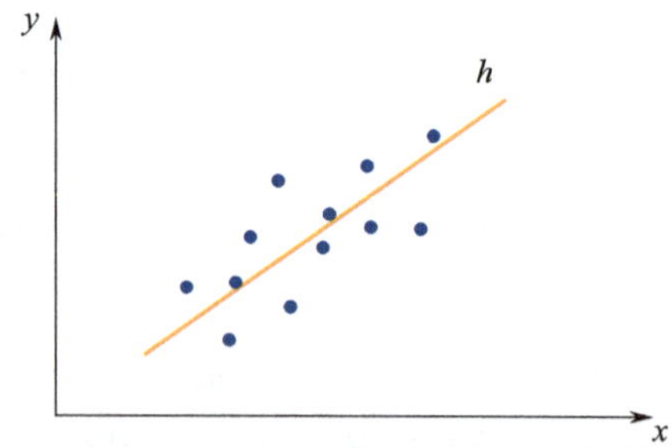

图 7-2　二维坐标系内假设函数示意图

设假设函数为 $h_\theta(x)$，为了便于表示和理解，案例中 $h_\theta(x)$ 为线性函数而非其他复杂形式的非线性函数。其表示形式为

$$h_\theta(x)=\theta_0+\theta_1 x$$

为了得到能够拟合训练集数据的最佳假设函数 $h_\theta(x)$，需要确定 θ_0 和 θ_1 的值，不同的 θ 值对应不同的 $h_\theta(x)$，如图 7-3 所示。

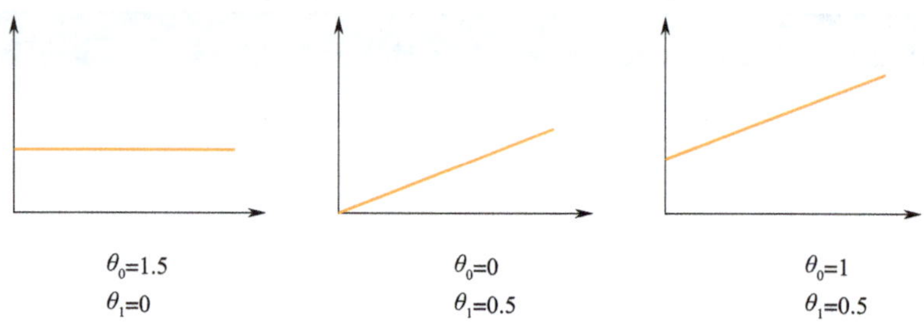

图 7-3　不同 θ 值对应不同 $h_\theta(x)$

此时，案例问题转化为求解 θ_0 和 θ_1 的值。可以使用网格搜索法、梯度下降法等方法进行求解，得到最终的假设函数，利用假设函数完成房价的预测。

7.2 机器学习概述

7.2.1　机器学习简介

1. 学习的概念

（1）学习的心理学观点

心理学对于学习的本质有两种不一样的观点：一种是联结论观点，认为学习的实质是联结的形成；另一种是认知论观点，认为学习的实质是学习者脑中认识结构的变化。

心理学认为学习是个体生活中由于经验而产生的行为上的持久改变，包括感知、记忆、想象、思维等，同时也包括语言、表情、动作等外部活动。综上所述，学习的概念有以下三个核心点。

1）学习的发生以行为的变化为标志。学习总会引起行为的变化，并且这种改变可以是外显的，也可以是内隐的，但并不是所有的行为改变都是学习。

2）学习是由经验引起的行为改变。经验是一个人通过直接与客观世界相互作用的过程或在这一过程中所得到的结果，只有经验引起的行为改变才是学习。

3）学习引起的行为变化时间较为持久。学习对行为的影响时间一般比较长，只有当旧的学习被新的学习替代时，旧的行为变化才会消失。

（2）学习的人工智能观点

在人工智能领域中，不同学者对于学习给出了不同的解释，被广泛认可的观点是希尔伯特·西蒙提出的，学习就是系统中的适应性变化，这种变化使系统在重复同样的工作或类似工作时能够完成得更好。

知识获取是指获得知识、积累经验、发现规律等。能力改善指的是改进性能、适应环境、实现自我完善等。在学习过程中，知识获取与能力改善是密切相关的。通过上述的分析可以给学习一个比较通用的解释：学习是一个有特定目的的知识获取和能力增长的过程，其内在行为是获得知识、积累经验、发现规律等，其外部表现是改进性能、适应环境、实现自我完善等。

2. 机器学习的概念

机器学习是一门多领域交叉学科，涉及概率论、统计学、逼近论、凸分析、算法复杂度理论等多门学科。它致力于如何通过计算的手段，利用经验来改善系统的自身性能。在计算机系统中，“经验”通常以“数据”的形式存在，因此，机器学习所研究的主要内容是关于在计算机上从数据中产生“模型”（model）的算法，即“学习算法”（Learning Algorithm）。有了学习算法，再把经验数据提供给它，它就能基于这些数据产生模型，在面对新的情况时，模型会给我们提供相应的判断。如果说计算机科学是研究关于“算法”的学问，那么机器学习就是研究关于“学习算法”的学问。

机器学习名字的由来起源于 1956 年，一位 IBM 工程师 Arthur Samuel 研发了一款西洋跳棋程序，类似于 Google 的 AlphaGo。1956 年，该工程师受邀在达沃斯会议上介绍自己的这项研究，第一次提出了“Machine Learning”这个词汇，Arthur Samuel 也被称为“机器学习之父”。他将“Machine Learning”定义为“不需要确定性编程就可以赋予机器某项技能的研究领域”，即让机器像人一样学习起来。

目前，关于机器学习的研究主要集中于以下三个方面。

1）认知模拟。认知模拟研究的主要目的是通过对人类学习机理的研究和模拟，从根本上解决机器学习方面存在的问题。

2）理论性分析。理论性分析研究的主要目的是从理论上探索各种可能的学习方法，并建立起独立于具体应用领域的学习算法。

3）面向任务的研究。面向任务的研究主要目的是根据特定的任务要求建立相应的学习系统。

7.2.2 机器学习的种类

首先，按照数据集是否拥有既定标签，机器学习可以分为监督学习、半监督学习、无监督学习和强化学习。

（1）监督学习

监督学习（Supervised Learning，SL）是利用一组已知类别的样本调整分类器的参数，使其达到所要求性能的过程，也称为监督训练或有教师学习。监督学习是从有既定标签的训练数据集来推断一个功能的机器学习任务，训练数据集包括一套训练示例。在监督学习中，每个实例都由一个输入对象（通常为矢量）和一个期望的输出值（也称为监督信号）组成。监督学习算法是分析该训练数据，并产生一个推断的功能，可以用于映射出新的实例，如图 7-4 所示。

图 7-4　监督学习示意图

（2）无监督学习

无监督学习与监督学习相反，所处的学习环境都是非标签数据。本质上来讲，无监督学习就是“聚类”的近义词。当待解决的问题缺乏足够的先验知识，如难以人工标注类别或进行人工类别标注的成本太高，此时，希望计算机能代替人类完成这些工作，根据类别未知（没有被标记）的训练样本解决模式识别中的各种问题。这种学习称为无监督学习（Unsupervised Learning，UL）。简单来讲，无监督学习就是给定数据，从数据中学，能学到什么要看数据本身具备什么样的属性，如图 7–5 所示。人们常说的“物以类聚，人以群分”说的就是“无监督学习”。

图 7–5　无监督学习示意图

（3）半监督学习

半监督学习（Semi–Supervised Learning，SSL）是机器学习领域研究的重点问题。它是监督学习与无监督学习相结合的一种学习方法。半监督学习使用大量的无标签数据以及少量有标签数据，来进行模式识别工作。半监督学习更类似于人类的成长，如图 7–6

图 7–6　半监督学习示意图

所示。人们在小学、初中、高中到大学，都有老师为学生答疑解惑，告诉学生什么是对的，什么是错的，什么事情可以做，什么事情不可以做，这相当于为事物做了标签，即有标签数据。而当人们离开了学校的象牙塔走入社会时，没有人告诉你对与错，什么事应该做，什么事不该做，一切都要以早期获取的知识为基础，从社会中学习，并扩大自己的认知体系，这样在遇到新的事物时才能泰然自若。

（4）强化学习

强化学习（Reinforcement Learning，RL）是智能体（Agent）以“试错”的方式进行学习，通过与环境进行交互获得的奖赏指导行为，目标是使智能体获得最大的奖赏。在强化学习中，由环境提供的强化信号是对产生动作的好坏做一种评价（通常为标量信号），而不是告诉强化学习系统如何去产生正确的动作。由于外部环境提供的信息很少，强化学习系统必须靠自身的经历进行学习。通过这种方式，强化学习系统在行动—评价的环境中获得知识，改进行动方案以适应环境。

按输出空间的形式，机器学习可以分为分类学习、回归学习和结构化学习。

（1）分类学习

分类学习的目的是根据过去的观测结果来预测新样本的分类标签。这些分类标签是离散的无序值，可以理解为样本组成员的关系。例如垃圾邮件检测就是典型的分类任务，分类学习算法学习规则以区分垃圾邮件和非垃圾邮件。

（2）回归学习

回归是确定多种变量相互依赖的定量关系的方法。通俗来讲，回归就是越来越接近期望值的过程，最终回归于事物的本质。如茅台的股票价格：$t-3$: 605.1、$t-2$：610.5、$t-1$：640.3 、t: 647.5。当拥有 $t-3$、$t-2$、$t-1$、t 时刻的数据时，预测 $t+1$ 时刻的收盘价，这就是一个典型的回归问题。

（3）结构化学习

结构化学习不是一种技术而是一种描述问题、分析问题的方法。相比于回归学习输出一个预测或标量，结构化学习的输出更加复杂，可以是图像、语句、树形结构等。目前常用的机器翻译、语音识别和聊天机器人都是应用结构化学习完成的。

7.2.3 机器学习的发展历程

从 20 世纪 50 年代开始研究机器学习以来，不同时期的研究途径和目标不尽相同，机器学习的发展历程基本可以划分为四个阶段。

第一阶段从 20 世纪 50 年代中叶到 60 年代中叶，是神经元模型研究阶段，也被称为机器学习的热烈时期。这个时期主要研究“有无知识的学习”。这类方法主要研究系统的执行能力。通过对机器的环境及其相应性能参数的改变来检测系统所反馈的数据。好比给系统一个程序，通过改变它们的自由空间作用，系统将会受到程序的影响而改变自身的组织，最后这个系统将会选择一个最优的环境生存。在这个时期，最具代表性的研究是罗森布拉特（F.Rosenblatt）于 1957 年提出的感知器模型。该模型试图利用感知器网络模拟人脑的感知及学习能力。但由于感知器模型自身存在缺陷，明斯基于 1969 年在其论著中对感知器所做的悲观结论，使得基于神经元模型的机器学习陷入了低谷。

第二阶段从 20 世纪 60 年代中叶到 70 年代中叶，是符号概念获取阶段。该阶段主要研究将各个领域的知识植入系统里，目的是通过机器模拟人类学习的过程。同时，还采用了图结构及其逻辑结构方面的知识进行系统描述，主要是用各种符号来表示机器语言。研究人员在进行实验时意识到学习是一个长期的过程，单纯从这种系统环境中无法学到更加深入的知识，因此研究人员将各专家学者的知识加入到系统里。实践证明，这种方法取得了一定的成效。在这一阶段具有代表性的研究是 Hayes-Roth 和 Winson 的对结构学习系统方法。虽然这类学习系统取得了较大的成功，但它仅能学习单一概念，且未能投入实际应用。与此同时，神经元模型的研究陷入低谷，使得不少人对机器学习失去信心，因此这一时期被称为机器学习的冷静期。

第三阶段从 20 世纪 70 年代中叶到 80 年代中叶，是知识强化学习阶段，也被称为复兴时期。在该阶段，人们从学习单个概念扩展到学习多个概念，探索不同的学习策略和学习方法。而且在本阶段，已经开始把学习系统与各种应用结合起来，并取得了成功。同时，专家系统在知识获取方面的需求也极大地刺激了机器学习的研究和发展。在出现第一个专家学习系统之后，示例归纳学习系统成为研究的主流，自动知识获取成为机器学习应用的研究目标。这一阶段的代表性研究有莫斯托夫（D.J.Mostow）的指导式学习、温斯顿等人的类比学习及米切尔（T.J.Mitchell）等人的解释学习等。

第四阶段从 20 世纪 80 年代中叶至今，是联结学习和混合型学习阶段，是机器学习的最新阶段。这个时期的机器学习具有如下特点。

1）机器学习已成为新的学科，它综合应用了心理学、生物学、神经生理学、数学、自动化和计算机科学等，形成了机器学习理论基础。

2）融合了各种学习方法，形式多样的集成学习系统研究正在兴起。

3）机器学习与人工智能各种基础问题的统一性观点正在形成。

4）各种学习方法的应用范围不断扩大，部分应用研究成果已转化为产品。

5）与机器学习有关的学术活动空前活跃。

近几年，机器学习领域在我国得到了极大的关注，但仍处于早期发展阶段。全国院校范围内，目前只有北京大学、复旦大学、中国人民大学等实力雄厚的院校有能力建立数据科学或大数据研究院。对机器学习感兴趣的人可以通过机器学习平台体验、了解和学习，如阿里巴巴的 PAI 机器学习平台、腾讯的 AI Lab 平台。这些机器学习平台能够很好地弥补高校机器学习资源的不足，为非科研人员提供一站式的机器学习生态服务平台。可以说，在我国，机器学习还有很大的发展空间和发展潜力。

7.2.4 机器学习的流程

机器学习是一项流程性非常强的工作，其包括数据采集、数据清洗、数据预处理、特征工程、模型调优、模型融合、模型验证及模型持久化。针对不同的机器学习项目，根据复杂度的繁简程度，步骤会有删减，流程中每个步骤所使用的方法也有所不同。

1. 数据采集

在机器学习领域流传这样一句话，“数据决定机器学习结果的上限，而算法只是尽可能地逼近这个上限。”由此可见，数据对于机器学习的重要性。在数据采集的过程中，数据要具有代表性，尤其对于分类问题，数据偏斜不能过于严重，不同类别数据的数据量不能相差过大。不仅如此，数据采集时还要评估数据的量级，考虑样本数量、特征数量对内存的消耗，如果数量过大，要考虑减少训练样本或降维。数据的采集方式通常有网络爬取、数据库获取以及通过开放的 API 接口来获取等。

2. 数据清洗

数据清洗主要是针对通过网络爬取方式获取的数据。通过网络爬取的数据通常没有固定的格式且数据非常不稳定，因此需要进行数据清洗工作，且工作量较大。数据清洗的目的一般是检查数据的合理性（如数据是否满足要求）和检查数据的有效性（如数据量是否足够以及是否都是相关数据）。

3. 数据预处理

数据预处理是为了解决由于人为、软件或业务造成异常数据的情况，如数据中性别特征数据的缺失、年龄特征数据的异常（负数或很大的数）等。异常数据对模型的训练和测试有一定影响，因此通常要对数据进行预处理。数据预处理的类型包括缺失处理和异常处理。在进行缺失处理时，要评估该字段的重要性及缺失率，再考虑填充还是丢弃该字段。异常处理包括绝对异常、统计异常和上下文异常，针对不同的情况有相应的处理方法。

4. 特征工程

特征工程是机器学习中非常重要的一部分，包括特征构建和特征选择两个环节。特征构建包括特征组合、特征拆分和外部关联特征三种。

1）特征组合。特征组合是为了提高关系的拟合能力，在特征工程中把一阶离散特征进行两两组合构成高阶组合特征。例如在电商应用场景下，判断用户是否会单击推荐商品时，将性别特征和年龄特征进行组合的预测效果会更好（如 20~30 岁女性单击服饰类商品概率较高）。

2）特征拆分。特征拆分是将业务上的复杂特征进行拆解，以便从多个维度表达信息。

3）外部关联特征。外部关联特征是指通过一个已有特征关联到其他特征。例如，通过时间信息关联到天气信息，天气信息相当于丰富了原始数据。在训练模型时会得到比仅使用原始数据更好的结果。

特征选择包括特征取值分布和特征相关性。

1）特征取值分布。特征取值分布是为了检验特征自身是否过于偏斜，主要通过方差过滤法进行检验。例如性别特征，1000 个数据中有 999 个是男性，只有 1 个是女性，则该特征无法对模型起到帮助作用。

2）特征相关性。特征相关性用于检验特征与目标的关联性，通常使用皮尔逊系数、信息熵、信息增益等方法判断。例如，日期与猪肉价格之间就没有太多关联性，如果在建模时加入该特征只会增加特征维度，而对于预测目标来说没有任何意义。

5. 模型调优

同一个模型在不同参数下的性能有时会相差较大，因此通常在特征工程结束后就进入模型的参数调优步骤。在模型调优过程中一般使用网格搜索法，对模型中的超参数，如学习率进行调整。首先应解决模型的欠拟合问题，其次再解决过拟合问题。

6. 模型融合

通常单个模型无法拟合所有数据，且不具备对所有未知数据的泛化能力，因此需要对多个模型进行融合。在模型融合时可以使用简单融合、加权融合或将多个单模型的输出作为输入，送入某个模型中。

7. 模型验证

通过交叉验证对模型的性能进行检验。需要注意的是，很多特征都依赖于时间的前后关系，因此在验证时不能随机划分数据，要考虑时间属性。

8. 模型持久化

将得到的模型持久化到磁盘，便于后续使用与优化。

7.3 机器学习的应用场景

7.3.1 垃圾电子邮件过滤

在互联网时代，人们的日常生活及工作办公过程中经常会使用电子邮件收发一些消息、文档或其他形式的附件。在享受电子邮件带给我们便利的时候，也经常会收到一些垃圾邮件。当垃圾邮件充斥整个网络时，不但会减慢网络速度，还会使用户在不知情或不经意间下载恶意软件、木马或病毒。由此可见，垃圾电子邮件也属于网络犯罪的途径之一，拦截垃圾邮件对网络安全至关重要。在 21 世纪初，通过创建反垃圾邮件签名来防止垃圾邮件，但收效甚微，数十亿封垃圾邮件中的50%会被拦截下来，而其余的邮件仍能通过网络发送给每一位用户。随着机器学习技术的成熟与发展，研究人员开始使用机器学习算法（贝叶斯算法、KNN、LR 等）解决垃圾邮件过滤的问题。通过将邮件文本转化为向量，使用算法过滤和其他过滤相结合的方式使得垃圾邮件拦截率达到 95% 以上。

7.3.2 推荐系统

随着数据的与日俱增，人们在海量的数据面前变得手足无措，为了解决这种信息过载的问题，推荐系统孕育而生。它是机器学习的一个重要应用。推荐系统是根据用户的各类信息，将用户感兴趣的产品推荐给用户的个性化信息推荐系统，常见于淘宝、京东等互联网购物平台，不同用户的兴趣不同，推送的商品也有所差异，如图 7–7 所示。推荐系统使用机器学习算法，通过研究用户的兴趣偏好进行个性化计算，由系统发现用户的兴趣点，从而引导用户发现自己的需求。目前，推荐系统主要分为三个类型：基于内容的推荐、协同过滤推荐及混合推荐。根据使用数据的特点，选择不同的推荐方式。优秀的推荐系统不仅能为用户提供良好的个性化服务，还能和用户之间建立密切的关系，让用户对推荐产生依赖。

图 7–7　个性化推送

7.3.3 金融反欺诈

与传统金融不同，互联网金融业务发生在线上，往往几分钟就完成审核、申请、放款等操作，面临前所未有的欺诈风险。黑白名单是最原始的反欺诈方式，例如银行的征信系统。但黑白名单更新慢、成本高，无法适应新型的互联网金融欺诈。为了应对新的形势，在金融业务中引入机器学习中的无监督学习，防止欺诈行为的发生，并及时阻止开户欺诈、欺诈交易、账号盗取等。无监督的金融欺诈异常检测将数据分解为正常趋势、随机扰动和异常三部分，根据用户间的相互关联构造网络图。欺诈者经常团伙作案，行为表现在网络图中呈现高度一致性和聚集性，与正常用户明显不同，利用聚类和图形分析辨别欺诈行为。高科技互联网金融公司都通过无监督学习防止金融欺诈的发生。

7.4 项目实践：学生成绩分类

本节将使用 Python 语言实现对学生成绩的分类。通过本项目实践，读者将掌握机器学习中的 k 最近邻（K-Nearest Neighbor，KNN）分类算法的核心思想、算法流程及具体代码实现。

7.4.1　提出问题

某市高中理科生考试科目包括语文、数学、外语、物理、化学和生物，共六门。现将学生考试成绩进行分类，等级分为 A、B、C、D 四个等级。分类遵循如下规则：

1）总成绩仅做参考，不再成为评价成绩等级的唯一标准。

2）各科成绩均为高分且不偏科，则该学生评为 A 级。

3）考试科目中一至两门成绩明显低于其他课程成绩，则该学生评为 B 级；考试科目中三门成绩明显低于其他课程成绩，则该学生评为 C 级。

4）各科成绩平均且分数中等，则该学生评为 C 级。

5）其他情况均评为 D 级。

7.4.2　分析问题

在传统的学生成绩分类中，划分标准较为明确。如分数大于 0 且小于 60 为不及格，分数大于或等于 60 且小于 70 为及格，分数大于或等于 70 且小于 80 为中等，分数大于或等于 80 且小于 90 为良好，分数大于或等于 90 且小于或等于 100 为优秀。

然而近年来对成绩的划分和评定标准逐年更新，不以总分论成败，不偏科、全面发展成为划分成绩的主要依据，例如本项目实践中的成绩分类标准对偏科的情况进行了降档。当使用这种新型的成绩分类标准时，传统的成绩分类方法将会失效。原因在于，每次考试的试卷难度不一，导致每次高分与低分的标准各不相同，无法用简单的分值区间划分。面对这种情况，可以使用机器学习中的分类算法帮助解决这类问题。

7.4.3 相关知识

1. KNN 算法介绍

KNN（K- Nearest Neighbor）算法由 Cover 和 Hart 于 1968 年提出，是一个理论上比较成熟的方法，也是最简单的机器学习算法之一。该算法的不足之处是计算量较大，对每一个待分类的文本都要计算它到全体已知样本的距离，才能求得它的 K 个最邻近点。目前，常用的解决方法是事先对已知样本点进行剪辑，先去除对分类作用不大的样本。

2. KNN 算法的核心思想

KNN 算法的核心思想是，如果一个样本在特征空间中的 K 个最相邻的样本中的大多数属于某一个类别，则该样本也属于这个类别，并具有这个类别上样本的特性。该算法在确定分类决策上只依据最邻近的一个或者几个样本的类别来决定待分样本所属的类别。

如图 7-8 所示，三角形和圆形是标签数据，分别代表不同类别，正方形是待分类的数据。如果 K=3，那么离正方形最近的 K 个点中有 2 个三角形和 1 个圆形，这 3 个点投票，三角形的比例为 2/3，于是正方形待分类点属于三角形类别。如果 K=5，那么离正方形最近的 K 个点中有 2 个三角形和 3 个圆形，这 5 个点投票，圆形的比例为 3/5，于是正方形待分类点属于圆形类别。

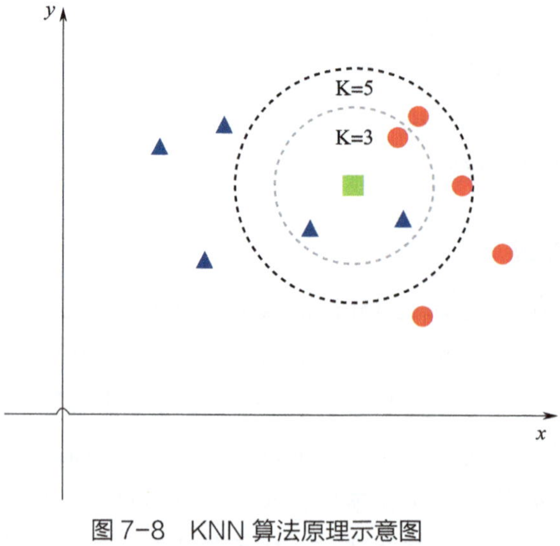

图 7-8　KNN 算法原理示意图

从上述例子可以看出，KNN 本质是基于一种数据统计的算法。不仅如此，KNN 是一种基于实例的机器学习方法（Instance-based Learning），属于懒惰学习（Lazy

Learning），即它没有明显的前期训练过程，而是程序开始运行时，把数据集加载到内存后直接开始分类。每次判断一个未知的样本点时，就在该样本点附近找 K 个最近的点进行投票，这就是 KNN 中 K 的意义，通常 K 的取值为不大于 20 的整数。

3. KNN 算法流程

1）计算待分类点与已知类别的点之间的距离。

2）按照距离递增次序排序。

3）选取与待分类点距离最小的 K 个点。

4）确定前 K 个点所在类别的出现次数。

5）返回前 K 个点出现次数最高的类别作为待分类点的预测分类。

4. 距离度量选择

样本空间中两个点之间的距离度量表示两个样本点之间的相似程度。距离越小，相似程度越高；距离越大，相似程度越低。在 KNN 算法中，常用的距离有四种，分别为闵可夫斯基距离、曼哈顿距离、欧氏距离和切比雪夫距离。

设 n 维空间中有两点坐标 x 和 y，p 为常数，闵可夫斯基距离定义为

$$D(x,y)=\left(\sum_{u=1}^{n}\left|x_u-y_u\right|^p\right)^{\frac{1}{p}}$$

当 $p=1$ 时，得到曼哈顿距离（Manhattan Distance），也叫绝对距离或街区距离。在二维空间中可以看到，这种距离是计算两点之间的直角边距离，相当于城市中车辆沿城市街道拐直角前进而不能走两点间的最短距离。曼哈顿距离的特点是各特征参数以等权参与运算。

当 $p=2$ 时，得到欧氏距离（Euclidean Distance），即两点之间的直线距离。在欧氏距离中各特征参数是等权的。

当 p 趋于无穷大时，得到切比雪夫距离（Chebyshev Distance）。该距离是向量空间中的一种度量，两个点之间的距离定义是其各坐标数值差绝对值的最大值。

7.4.4　解决问题

1. 任务 1：数据采集

任务分析：在学生成绩分类项目实践中，由于只需要较少的数据量即可完成，故通过发布匿名网络问卷的方式，搜集互联网中学生的考试成绩，科目包括数学、语文、外语、物理、化学和生物，用于学生成绩分类模型的训练和测试。经过人工整理后，数据采集后的部分结果见表 7-2。

表 7-2　数据采集后部分学生成绩表

序号	语文	数学	外语	物理	化学	生物	其他 1	其他 2	其他 3
1	150	148	144	98	98	97			
2	190	120	74	85	91	20	31	25	99
3	149	147	150	99	100	93			
4	144	145	149	100	100	94			
5	124	120	90	98	500	10	−1	0	
6	142	103	144	98	93	90			
7	130	150	121	92	88	74	90	91	21
8	74	100	21	96	210	91			
9	139	141	148	62	93	90			
10	171	45	31	29	87	66			
11	146	150	147	96	99	100			
12	99	95	80	61	120	110	10		
13	74	85	92	78	88	88			
14	145	147	142	95	96	94			
15	121	140	132	74	81	92			
16	200	120	121	118	95	87	0	0	0
17	98	139	141	100	92	90			
18	107	118	120	91	76	81			
19	131	90	125	39	87	94	120	20	
20	138	144	100	94	91	96			

2. 任务 2：数据清洗

任务分析：数据清洗阶段主要是对问卷收集的成绩数据进行合理性检测，如语文、数学、外语的成绩的分值区间为 0 至 150，物理、化学、生物的成绩的分值区间为 0 至 100，而在表 7-2 中，序号为 2、5、8、10、12、16 的学生成绩均存在一门或多门科目不合理的情况，数据清洗过程会将分值位于区间外的个人成绩逐条删除。数据清洗代码具体如下所示：

```
def data_clean(student_list):
    # student_list 为学生列表
    for i in student_list:
        count = 1
        for j in i:
            # 语文、数学、外语的成绩在 0-150 分之间，区间外的直接删除
            if count <= 3 and (j > 150 or j < 0):
```

```
            student_list.remove(i)
            break
        # 物理、化学、生物的成绩在 0-100 分之间，区间外的直接删除
        elif (4 <= count <= 6) or (j > 100 or j < 0):
            student_list.remove(i)
            break
```

清洗后的部分学生成绩数据见表 7-3。

表 7-3　数据清洗后部分学生成绩表

序号	语文	数学	外语	物理	化学	生物	其他 1	其他 2	其他 3
1	150	148	144	98	98	97			
2	149	147	150	99	100	93			
3	144	145	149	100	100	94			
4	142	103	144	98	93	90			
5	130	150	121	92	88	74	90	91	21
6	139	141	148	62	93	90			
7	146	150	147	96	99	100			
8	74	85	92	78		88			
9	145	147	142	95	96	94			
10	121	140	132	74	81	92			
11	98	139	141	100	92	90			
12	107	118	120	91	76	81			
13	131	90	125	39	87	94	120	20	
14	138	144	100	94	91	96			

3. 任务 3：数据预处理

任务分析：数据预处理阶段主要是对数据字段进行检测，检查数据是否存在字段的缺失或多余。如本项目实践中的数据为六门课程的成绩数据，若收集的数据字段少于 6 或大于 6 都将视为不合规数据，如表 7-3 中序号为 5、13 的学生成绩存在字段不合理，需要做删除处理。数据预处理具体代码如下所示：

```
def data_preprocess(student_list, subject_list):
    # student_list 为学生列表
    for i in student_list:
        count= 1
        for j in subject_list:
            # 科目大于 6 的情况下，删除此学生成绩
            if count > 6:
```

```
            student_list.remove(i)
            break
        count += 1
    # 科目小于 6 的情况下，删除此学生成绩
    if count < 6:
        student_list.remove(i)
```

数据预处理后部分学生成绩数据见表 7-4。

表 7-4 数据预处理后部分学生成绩数据表

序号	语文	数学	外语	物理	化学	生物
1	150	148	144	98	98	97
2	149	147	150	99	100	93
3	144	145	149	100	100	94
4	142	103	144	98	93	90
6	139	141	148	62	93	90
7	146	150	147	96	99	100
8	145	147	142	95	96	94
9	121	140	132	74	81	92
10	98	139	141	100	92	90
11	107	118	120	91	76	81
12	138	144	100	94	91	96

4. 任务 4：成绩分级

任务分析：对上述处理完成的学生成绩依据本项目中的成绩划分标准进行等级划分，部分成绩分级结果见表 7-5。

表 7-5 学生成绩等级对应表

语文	数学	外语	物理	化学	生物	等级
150	148	144	98	98	97	A
145	147	142	95	96	94	A
149	147	150	99	100	93	A
144	145	149	100	100	94	A
146	150	147	96	99	100	A
142	103	144	98	93	90	B
98	139	141	100	92	90	B
138	144	100	94	91	96	B
139	141	148	62	93	90	B

（续）

语文	数学	外语	物理	化学	生物	等级
148	145	139	92	59	92	B
102	139	113	68	90	95	C
98	90	95	93	98	90	C
121	119	124	81	83	79	C
125	121	120	79	79	83	C
118	120	119	82	76	78	C
102	99	144	92	93	56	C
65	71	72	56	61	49	D
64	70	64	54	44	56	D
62	59	70	49	47	60	D
52	61	69	44	57	49	D

在已划分等级的数据中随机选取 100 条数据，其中 80 条数据作为训练数据，20 条数据作为测试数据。

5. 任务 5：创建训练数据

任务分析：输入训练数据，将标签与数据分开存储至列表中备用，具体实现代码如下所示：

```
        def generate_training_data(self):
            data_str = """类别    样本唯一表示    数学    语文    外语    物理
化学    生物
    A   3   149    147    150    99    100    93
    A   4   144    145    149    100    100    94
    A   5   146    150    147    96    99    100
    B   6   142    103    144    98    93    90
    B   7   98    139    141    100    92    90
    B   8   138    144    100    94    91    96
    C   34   148    98    141    55    61    92
    C   35   90    141    88    92    49    90
    C   36   84    139    148    56    67    94
    D   43   62    59    70    49    47    60
    D   44   52    61    69    44    57    49
    D   45   59    52    60    57    61    66"""
            data_list = data_str.split('\n')
            X = []
            Y = []
```

```
        for line in data_list[1:]:
            data = line.split( '     ')
            Y.append(data[0])
            X.append(list(map(lambda x: float(x), data[2:])))
        return X, Y
```

6. 任务 6：训练分类器

任务分析：KNN 算法是非参数模型的一种，因此也就没有传统意义上训练分类模型的过程。所谓 KNN 算法训练分类模型的过程只是把训练数据存储了起来。在某些具体的实施上，会把这些数据做一些预处理（如建立树等），使得每次寻求近邻时可以更快，这也可以被认为是训练建模的过程。在本项目实践中，训练 KNN 模型时，输入标签列表和对应的数据列表，将训练数据按照类别进行分组即可。具体实现代码如下所示：

```
    # 训练模型，输入标签列表和对应的数据列表
    def fit(self, X, Y):
        for i in range(len(Y)):
            # 将训练数据按照类别分组
            if Y[i] in self.model:
                self.model[Y[i]].append(X[i])
            else:
                self.model[Y[i]] = [X[i]]
            # 各个类别的样本总数
            self.training_sample_num[Y[i]] = self.training_sample_
num.get(Y[i], 0) + 1
```

7. 任务 7：分类的实现

任务分析：KNN 算法的预测原理较为简单。首先，遍历每个类别的代表性样本，计算待分类样本与本类别的代表性样本的距离和，并求出平均距离。然后，对比待分类样本与每个类别的平均距离，取最小距离。其中距离的计算方法选择欧氏距离。具体实现代码如下所示：

```
    # 判断一个样本的类别
    def predict(self, X):
        result = None
        if type(X[0]) == list:
            for x in X:
                result.append(self.predict_one(x))
        else:
            result = self.predict_one(X)
```

```
        return result

    # 判断单个样本的类别
    def predict_one(self, x):
        # 类别标签
        label = None
        # 待分类样本与各类代表性样本的最小平均距离
        min_d = None
        # 遍历每个类别的代表性样本
        for class_label in self.model:
            # 待分类样本与本类别的代表性样本的距离之和
            sum_d = 0
            # 遍历这个类别下所有的代表性样本
            for sample in self.model[class_label]:
                sum_d += self.distance(x, sample)  # 累计
            # 待分类样本与本类别的代表性样本的平均距离
            mean_d = sum_d / self.training_sample_num[class_label]
            # 如果遍历到第一个类别，或者待分类样本与当前类别的平均距离比之前的
更低，更新类标签与最小距离
            if min_d == None or mean_d <= min_d:
                label = class_label
                min_d = mean_d
        return label

    # 欧氏距离计算两个样本之间的距离
    def distance(self, x1, x2, type= "eu"):
        d = None
        if type == "eu": d = np.sum((x1 - x2) ** 2)
        return d
```

8. 任务 8：程序运行

任务分析：本项目实践采用面向对象的编程方法。将上述函数封装到名为 KNN 的类中，在程序运行时实例化 KNN 对象，并在主函数中输入测试数据，调用 KNN 类中的方法完成成绩分类。具体实现代码如下所示：

```
class KNN():
    def __init__(self):
        # 存储各个类别的训练样本特征
        self.model = {}
        # 存储训练数据中各个类别的数量
```

```
        self.training_sample_num = {}
    # 训练模型，具体实现参照训练分类器部分
    def fit(self, X, Y):
        pass

    # 预测，具体实现参照预测的实现
    def predict(self, X):
        pass
    def predict_one(self, x):
        pass

    def distance(self, x1, x2, type= 'eu '):
        pass

    # 制造训练数据，具体实现参照创建训练数据
    def generate_training_data(self):
        pass

    # 主函数
if __name__ == '__main__':
    M = KNN()
    train_X, train_Y = M.generate_training_data()
    print(train_X)
    M.fit(train_X, train_Y)
    testList = [[140, 142, 150, 100, 100, 100], [56, 74, 100, 60, 45, 37]]
    for i in range(0, len(testList)):
        print( "data: " + str(testList[i]) + "  "+ "result: " + M.predict(np.array(testList[i])))
```

程序运行结果如图 7-9 所示。第一个学生的成绩划分结果为 A 级，第二个学生的成绩划分结果为 D 级。

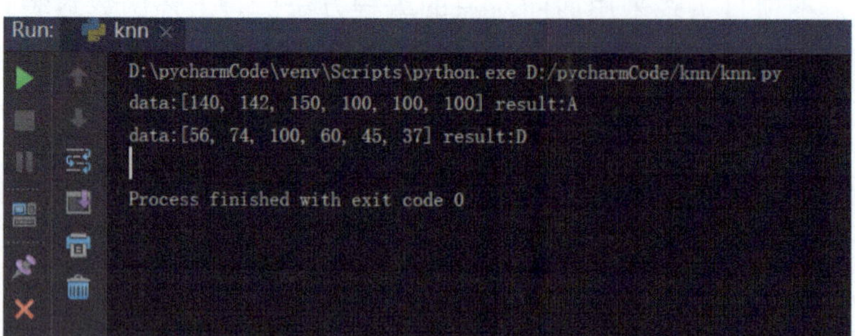

图 7-9　成绩分类结果示意图

课后习题

一、选择题

1. 机器学习涉及（　　）学科。

A. 概率论　　B. 统计学　　C. 逼近论　　D. 凸分析

2. 机器学习的发展分（　　）阶段。

A. 一个　　B. 两个　　C. 三个　　D. 四个

3. 按照数据的标签形式划分，机器学习可以分为（　　）几类。

A. 有监督学习、无监督学习、半监督学习和强化学习

B. 结构化学习、无监督学习、半监督学习和强化学习

C. 无监督学习、半监督学习、强化学习和回归学习

D. 回归学习、有监督学习、无监督学习和半监督学习

4. 机器学习的第一个步骤是（　　）。

A. 数据采集　　B. 数据清洗　　C. 数据分析　　D. 数据可视化

5. 特征构架包括（　　）。

A. 特征组合　　B. 特征拆分　　C. 外部关联特征　　D. 上述都是

6. 数据预处理时，异常数据包括（　　）。

A. 绝对异常　　B. 统计异常　　C. 上下文异常　　D. 以上都是

7. 以下属于机器学习的应用场景的是（　　）。

A. 垃圾邮件过滤　　B. 推荐系统　　C. 金融反欺诈　　D. 房价预估

8.KNN 算法中的常用距离包括（　　）。

A. 曼哈顿距离　　B. 欧氏距离　　C. 切比雪夫距离　　D. 闵可夫斯基距离

9.KNN 算法属于（　　）。

A. 懒惰学习　　B. 无监督学习　　C. 回归学习　　D. 结构化学习

二、实训题

使用 Python 语言和 KNN 算法实现性别分类（特征属性选择身高、体重、头发长度等）。

参考文献

[1] 于昊. 掌握人工智能核心技术，推动美的集团战略进阶：访美的集团中央研究院副院长徐成茂博士[J]. 电器，2018（7）：22-23.

[2] 张文娟，张海涛. 计算机人工智能 AI 的发展及硬件技术分析[J]. 电子测试，2019（2）：61；126-127.

[3] 梅傲松. 探索人工智能 AI 在变电运维中的应用[J]. 名城绘，2019（8）：0484.

[4] 王博，宋微，史琳. 人工智能产业链分析[J]. 现代农业研究，2018（2）：106-107.

[5] 于申，杨振磊. 全球人工智能产业链创新发展态势研究[J]. 天津经济，2019（5）：13-18.

[6] 王常衡，李嘉伟，罗钦，等. 浅析 Python 语言及其应用前景[J]. 计算机产品与流通，2019（4）：146.

[7] 王欣然. 基于 Python 的人脸识别技术的应用[J]. 电脑知识与技术，2020（7）：209-210；226.

[8] 周江杰，王胜锋，李立明. Python 爬虫技术在信息流行病学中的应用[J]. 中华流行病学杂志，2020，41（6）：952-956.

[9] 聂杲. pandas 大数据技术在央行监管中的应用[J]. 金融科技时代，2020（1）：34-37.

[10] 关雅卓. 智能化识别技术在电子图像处理中的应用研究[J]. 中国管理信息化，2018，21（18）：152-153.

[11] 钱金戈，徐丹，史豪杰. 图像识别技术在变电站屏柜运检中的应用[J]. 工业控制计算机，2021，34（3）：7-8；11.

[12] 耿宾涛. 智能化识别技术在电子图像处理中的应用研究[J]. 电子世界，2017（22）：161；163.

[13] 林春苗，秦彤，陆昱养，等. 83 例新型冠状病毒肺炎病例 CT 图像定量分析[J]. 预防医学，2021，33（6）：568-572.

[14] 张永成，王怀彬. Python 自然语言处理方法在文本情感分析中的应用[J]. 电脑知识与技术，2020，16（36）：87-88.

[15] 袁遐. 网络舆情事件的回应策略研究[J]. 传媒论坛，2021，4（19）：25-28；31.

[16] 段媛媛. 大数据时代城市公共卫生事件的网络舆情引导研究[J]. 上海城市管理，2021，30（5）：57-64.

[17] 杨嘉韵，张慧明. 基于主题 - 情感融合分析的突发公共卫生事件网络舆情演化研究[J]. 情报探索，2021（8）：18-28.

[18] 王飞龙. 人脸识别技术及其安全性综述[J]. 信息记录材料，2018，19（12）：229-230.

[19] 郑方，艾斯卡尔·肉孜，王仁宇，等. 生物特征识别技术综述[J]. 信息安全研究，2016，2（1）：12-26.

[20] 毛巨勇. 生物识别技术的发展与现状[J]. 中国安防，2010（8）：36-39.

[21] 张倩. 生物特征识别技术在“高校档案云”服务平台的应用研究[J]. 浙江档案，2018（3）：62-64.

[22] PENEV P S，ATICK J J. Local feature analysis：a general statistical theory for object representation [J]. Network：Computation in Neural Systems，2009，7（3）：477-500.

[23] SAMARIA F S，HARTER A C. Parameterisation of a stochastic model for human face identification[C] // Proceedings of 2nd IEEE Workshop on Applications of Computer Vision. Sarasota FL，1994.

[24] 刘玉玲，郑力新. 新冠肺炎疫情数据的抓取及可视化研究[J]. 电子设计工程，2021，29（7），40-44.

[25] 何晓定，赵文穗，王洁，等. 基于“一网统管”的新冠肺炎防控数据集成可视化建设[J]. 中国公共卫生管理，2021，37（2）：279-282.

[26] 谭仁春，江威，马艺文，等. Python 和 FME 下的疫情数据可视化[J]. 地理空间信息，2021，19（1），1-4.

[27] 刘建湘，刘海砚，陈晓慧，等. 新冠肺炎疫情数据多维度可视分析方法[J]. 计算机辅助设计与图形学学报，2020，32（10），1617-1627.

[28] 何晓飞，郭茂祖，张敏灵. 大数据时代的机器学习研究专刊前言[J]. 软件学报，2015，26（11），2749-2751.

[29] 何清，李宁，罗文娟，等. 大数据下的机器学习算法综述[J]. 模式识别与人工智能，2014，27（4），327-336.

[30] 赵增，李明勇，胡航飞. 基于邻居聚类的近似最近邻搜索[J]. 智能计算机与应用，2020，10（11），70-72；78.

[31] 邹劲松，李芳. 大数据下的分布式精确模糊 KNN 分类算法[J]. 计算机应用研究，2019，36（12），3701-3704.